防汛抢险手册

江苏省骆运水利工程管理处　编

河海大学出版社
HOHAI UNIVERSITY PRESS

图书在版编目（CIP）数据

防汛抢险手册/江苏省骆运水利工程管理处编.—
南京：河海大学出版社，2017.3（2019.8 重印）
ISBN 978-7-5630-4756-7

Ⅰ.①防…　Ⅱ.①江…　Ⅲ.①防洪—手册　Ⅳ.
①TV87-62

中国版本图书馆 CIP 数据核字（2017）第 051232 号

书　　名 / 防汛抢险手册
书　　号 / ISBN 978-7-5630-4756-7
责任编辑 / 曾雪梅
封面设计 / 黄　煜
出　　版 / 河海大学出版社
网　　址 / http://www.hhup.com
地　　址 / 南京西康路 1 号（邮编：210098）
电　　话 / （025）83737852（总编室）
　　　　　　（025）83722833（营销部）
排　　版 / 南京新洲印刷有限公司
印　　刷 / 虎彩印艺股份有限公司
开　　本 / 787 毫米 ×960 毫米　1/16
印　　张 / 6.75
字　　数 / 120 千字
版　　次 / 2017 年 3 月第 1 版
印　　次 / 2019 年 8 月第 3 次印刷
定　　价 / 58.00 元

编写委员会

江苏省骆运水利工程管理处简介

　　江苏省骆运水利工程管理处于 1985 年 8 月由江苏省骆马湖控制工程管理处与江苏省第三抗旱排涝队合并组建而成，隶属江苏省水利厅，坐落于风景优美的宿迁市区古黄河畔，主要管理泗阳站、泗阳二站、刘老涧站、皂河站、沙集站等五座大型泵站和泗阳闸、黄墩湖滞洪闸、皂河闸、刘老涧闸、刘老涧新闸、沙集闸、六塘河闸、洋河滩闸、房亭河地涵、新邳洪河闸等十座大、中型涵闸；承担 2.1 km 邳洪河大堤的管理维护。共有大型抽水机组 16 台套，是南水北调第四、五、六梯级站，淮水北调第一、二、三梯级站，总装机容量 45 400 kW，抽水流量 565 m^3/s；所属十座涵闸与嶂山闸、宿迁闸等共同构成骆马湖、中运河防洪体系；并拥有一支国家级防汛机动抢险队，拥有流动柴油机泵 350 台套、电动潜水泵 108 台套及一大批防汛抢险设备。

　　江苏省骆运水利工程管理处还承担着江苏省骆马湖联防指挥部办公室和江苏省骆马湖管理与保护联席会议办公室的日常工作，受江苏省水利厅委托行使骆马湖、微山湖（江苏境内）的湖泊管理与保护职能；自 2008 年 7 月开始，受江苏省水源有限责任公司委托，承担南水北调泗阳站（部分）、刘老涧二站、皂河二站、睢宁二站、解台站、蔺家坝站等大型泵站的管理工作。所属工程在防洪、排涝、灌溉、供水、发电、航运、改善生态环境和促进地方经济社会发展等方面发挥了重大作用。

序 言

　　江苏特殊的地理位置和气候特点，决定了其洪涝灾害的频发和防汛抢险任务的艰巨。新时期，经济越发展，社会越进步，人民生活水平越提高，对防洪保安的要求也越高。

　　立足防大汛、抗大洪、抢大险，筑牢防汛抢险的铜墙铁壁，必须做到科学应对、精准施策。有鉴于此，江苏省骆运水利工程管理处总结、归纳长期防汛抢险工作经验编写本书；旨在汇总、提炼、普及防汛抢险技术，提高防汛抢险的科学性、实用性。

　　本书图文并茂、通俗易懂，适用于从事抗旱排涝、防汛抢险、防汛物资管理等岗位人员，也可作为防汛业务培训教材。

　　本书共四章，第一章为防汛抢险，主要介绍了常见险情的排除、常见抢险器材的使用等；第二章为抗旱排涝设备，主要介绍了常用移动式抗旱排涝机组的架设及运行维护、典型故障排除、技术创新应用等；第三章为防汛抗旱物资，主要介绍了防汛抗旱物资的储备、日常管理、调运原则等；第四章为组织管理，包括抢险训练科目、组织管理、安全管理等内容。

　　本书编写仅立足于我处国家级防汛抢险队多年防汛抢险实战经验的总结，不能涵盖目前所有防汛抢险内容；加之编者水平有限，书中难免有不当之处，恳请读者给予斧正。

目 录

第四章　组织管理

第一章　防汛抢险

第一节　常见险情及处置

一、堤坝险情

堤坝是常见的水利工程，具有拦水、阻水的作用，在长期运行过程中，由于施工质量、地质变化、水文环境等客观原因的影响，可能会发生险情，如不能及时发现并消除这些险情，就会发生严重的事故，对堤坝造成损坏，给人民群众的生命财产安全造成威胁。

常见的堤坝险情及抢护方法叙述如下。

（一）巡堤查险

巡堤原则：拉网巡查，不漏疑点。

堤坝工程多为土质堤坝，长时间运行容易发生裂缝、渗漏、背水滑塌、临水崩塌、漫溢和决口等险情，要求管理单位定期进行巡堤查险工作（图1-1）。

图 1-1　巡堤查险

巡查方法：堤防应分段配置巡查人员，包干巡查范围。

具体要做到"六查"，即查堤顶、查迎水坡、查背水坡、查堤脚、查平台及平台外一定范围，巡查时还要特别注意堤坝附近洼地水塘、渠道等既容易出险又容易被忽视的位置。

1.巡查临水坡。一组巡查人员同步查临水堤肩、堤半坡、水边，若堤坡较长，则可以增加巡查人数，巡查时要带哨子、旗子等明显标志，夜间要带照明工具。

查水边的人要在波浪的起伏间隙看堤坡有无险情，看水面有无漩涡等现象，在堤内行洪或水位骤降时，要注意堤坡有无崩塌等其他险情发生。

2.巡查背水坡。巡查人员同步查堤肩、堤坡、堤脚，堤坡较长时可以增加巡查人数。

对背水坡堤脚外一定范围内的地面及水塘，要专门巡查，检查有无翻沙、渗水等现象。

3.发现险情后，及时向上级报告，采取处理措施，并定人定点观测。

（二）渗水险情

背水堤坡或堤脚附近出现表土潮湿、发软、有水流渗出或有积水的现象，称为渗水险情（图1-2）。

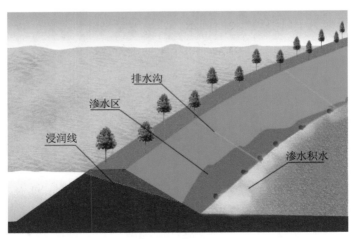

排水沟

渗水区

浸润线

渗水积水

图1-2　渗水险情

渗水险情的抢护原则：临水截渗，背水导渗。

渗水险情轻微时应由专人观测，严重时应及时进行抢护，以防发展成管涌、漏洞、滑坡等险情。

常见的抢护渗水险情的方法如下。

1. 土工膜截渗法。当临水堤坡较为平整时，可采用土工膜截渗。将直径38~50 mm 的钢管固定在土工膜的下端，卷好后将上端固定于堤顶木桩上，沿临水堤坡滚下，并在土工膜上压盖土袋（图1–3）。

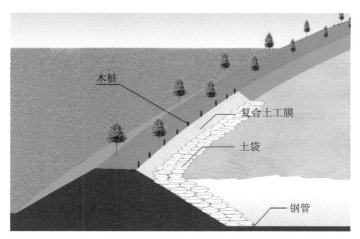

图 1–3　土工膜截渗法

2. 梢料反滤层法。先将渗水堤坡、堤脚清理整平，铺一层麦秸类细料，厚15~20 cm，再铺一层细柳枝或芦苇料，梢尖朝下，厚约 30 cm，再铺一层横柳枝，上面压土袋（图1–4）。

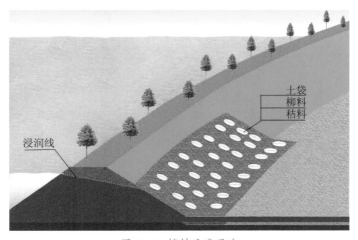

图 1–4　梢料反滤层法

3.透水后戗法。当堤坡渗水严重，附近沙土料源丰富，施工机械充足且方便操作时，可快速抢筑透水后戗。抢筑前，清除地表杂物。戗顶一般高出浸润线出逸点0.5~1 m、顶宽2~4 m，戗坡1：3~1：5，长度超过渗水堤段两端5 m（图1-5）。

图1-5　透水后戗法

（三）管涌险情

管涌多发生在背水坡脚附近及坑塘中，高水位时，在渗透压力作用下土中的细颗粒被水带出，落于孔口周围形成沙环（图1-6）。

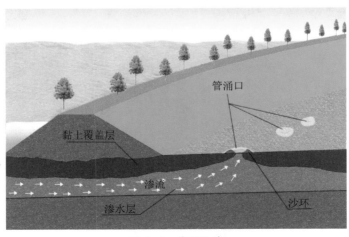

图1-6　管涌险情

管涌险情的抢护要点：反滤导渗，控制带沙。

发现管涌险情后，应及时抢护。

常见的抢护管涌险情的方法如下。

1. 反滤铺盖法。在背水面大面积出现管涌时，可用传统反滤铺盖方法抢护。在出现管涌的范围内，分层铺填透水性好的反滤料，制止土颗粒流失；可分为砂石反滤铺盖和梢料反滤铺盖两类；反滤料按下层细上层粗、边上细中间粗的原则铺放（图 1-7）。

图 1-7　反滤铺盖法

2. 反滤围井法。此方法可用于抢护独立管涌，首先要清除地面杂物并挖除软泥 20 cm 左右厚度，用土袋错缝围成井状，井径以 3 m 左右为宜，井内分层铺设反滤料（如砂石、梢料、土工滤垫、反滤土工膜等），反滤料按下层细上层粗、边上细中间粗的原则铺放，层厚 20~40 cm，在反滤层上面设置排水管。为了提高效率可采用装配式围井结合土工滤垫和反滤土工膜等材料抢护独立的管涌险情（图 1-8）。

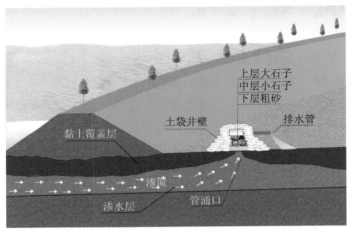

图1-8 反滤围井法

3. 背水月堤法：当背水堤脚管涌群分布范围较大时，可在管涌范围外用土或土袋抢筑月堤，积蓄涌水，抬高水位，减少渗透压力，延缓涌水带沙速度，月堤高度一般不超过 2 m。（图1-9）

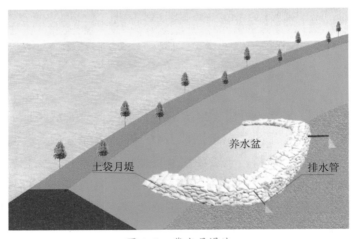

图1-9 背水月堤法

（四）漏洞险情

漏洞是贯穿堤身或堤基的水流通道。

堤防土质多沙，抗冲能力弱，漏洞中流出带沙土浑水的情况最为危险，此时漏洞扩展迅速，极易造成决口。发现漏洞后，必须尽快查出进水口，迅速抢堵，同时，在背水坡出水口采取反滤措施缓和险情（图 1-10）。

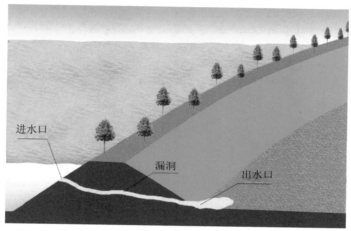

图 1-10　漏洞险情

漏洞险情抢护原则：临水坡堵、背水坡导。

常见的抢护漏洞险情的方法如下。

1. 软楔塞堵法。首先要探测到漏洞进水口位置；其次要快速塞堵进水口，塞堵料物可以是软楔、草捆、软罩等，塞堵时应快、准、稳；最后迅速用黏性土修筑前戗加固（图 1-11）。

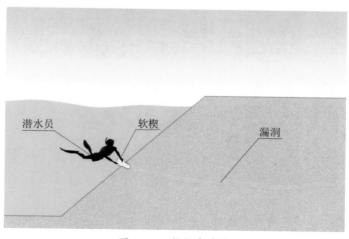

图 1-11　软楔塞堵法

2. 软帘盖堵法：第一步，探测漏洞进口大致位置；第二步，清理附近堤坡；第三步，用复合土工膜或篷布制作软帘，上端用木桩固定，软帘自临水堤肩向下顺坡铺放，最后抛压土袋，填土筑戗（图 1-12）。

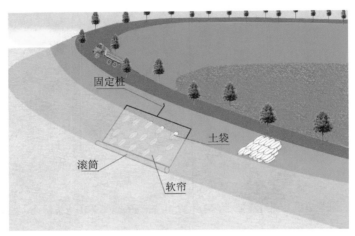

图 1-12　软帘盖堵法

3. 临水月堤法。在临水水浅、流速小、洞口在堤脚附近的情况下可选用临水月堤法抢护漏洞险情。在洞口外侧用土袋抢筑月形围埝，圈围洞口，同时向围埝内快速抛填黏性土，封堵洞口（图 1-13）。

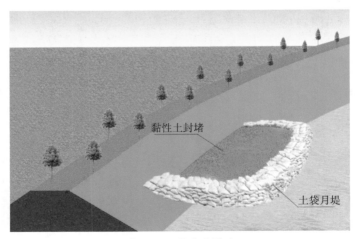

图 1-13　临水月堤法

4. 反滤围井法（或背水月堤法）。在出水口抢筑反滤围井。滤井内可填砂石、柳秸、土工滤垫等滤料，围井内径 3 m 左右，井高约 2 m；也可抢修背水月堤，形成蓄水池或在月堤内加填反滤料（图1-14）。

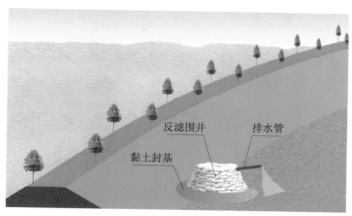

图 1-14　反滤围井法

抢护渗漏险情注意事项：

（1）临水坡面截渗抢堵后要及时加固，断流闭气，防止渗漏复发扩大；

（2）背水坡面渗漏抢险不要上大批人乱踩乱挖，切忌使险情恶化；

（3）采用各种反滤导渗方法，应严格按反滤要求，分层填筑，不得互相混杂。

（五）滑坡险情

堤防滑坡又称脱坡，一般是堤身由于水流淘刷、内部渗水作用或上部压载造成滑动力超过阻滑力而失去稳定形成滑坡险情，险情发生后堤身断面变窄，水流渗径变短，易诱发其他险情。

抢护原则是：上部减载减少滑动力，下部加载增强阻滑力（图1-15）。

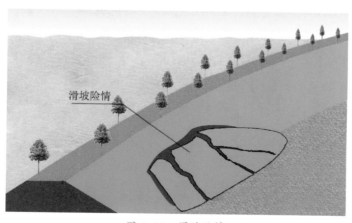

图 1-15　滑坡险情

险情发现后，应及时查明原因，迅速组织抢护。

常见的抢护滑坡险情的方法如下。

1. 固脚阻滑法。背水坡发生滑坡时，先用土袋、块石、铅丝笼等重物堆放在滑坡体下部，使其起到阻止坡体继续下滑和固脚的双重作用，同时移走滑动面上部和堤顶的重物，并削缓陡坡（图1-16）。

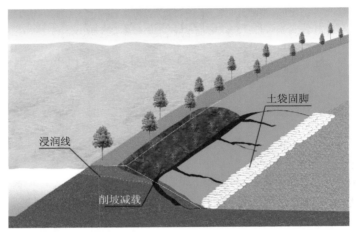

图1-16 固脚阻滑法

2. 滤水土撑法。当堤防背水坡发生范围较大、险情严重、周围取土困难的滑坡险情时，可以采用滤水土撑法抢护。首先在滑坡体上铺一层透水土工织物，在其上填筑砂性土，分层轻轻夯实而成土撑，坡底用土袋护住坡脚。每条土撑长10 m，宽3~8 m，边坡1∶3~1∶5，间距8~10 m，修筑在滑坡体的下部（图1-17）。

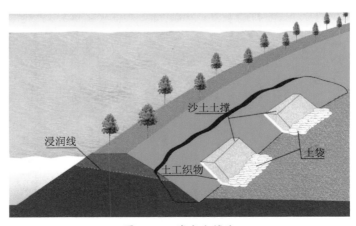

图1-17 滤水土撑法

抢护滑坡险情时，应注意以下问题：

（1）脱坡滑坡是发展快、破坏性大的严重险情，应尽早发现、尽早抢护；

（2）脱坡滑坡严重时，坡面土体稀软，下滑力大，切忌大量人员踩踏扰动，使险情恶化；

（3）脱坡险情发生时，堤坝表面会出现裂缝，应加强对裂缝的观察分析，监视裂缝的发展。

（六）陷坑险情

陷坑又称跌窝，是指在洪水期或因大雨持续高水位情况下，在堤坝顶部、边坡及坡脚附近突然发生局部下陷而形成的险情，这种险情破坏堤坝的完整性，可能缩短渗径，有时还伴有渗水、漏洞等险情，危及堤坝安全（图1-18）。

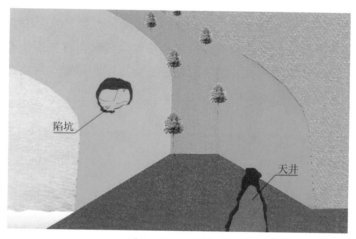

图1-18　陷坑险情

陷坑险情抢护原则：及时查明原因，迅速还土填实。

常见的抢护陷坑险情的方法如下。

1. 翻填夯实法。当陷坑内未伴随渗水、管涌或漏洞等险情的情况下，可采用此法。先将陷坑内的松土翻出，然后分层回填夯实，恢复堤防原貌（图1-19）。

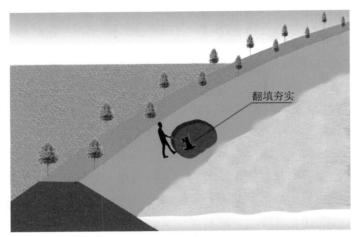

图 1-19 翻填夯实法

2. 填塞封堵法。当临水坡水下部位发生陷坑险情时，首先用装有黏性土料的编织袋、草袋或麻袋填满陷坑，然后用黏性散土封堵和帮宽。封堵必须密实，避免从陷坑处形成漏洞（图 1-20）。

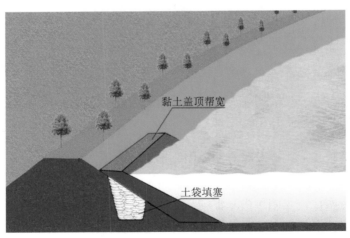

图 1-20 填塞封堵法

（七）冲塌险情

堤坝行洪时，水流淘刷堤脚，造成堤坡失稳坍塌的险情。该险情一般坍塌长度大、速度快，如不及时抢护，将会冲决堤防（图 1-21）。

图 1-21 冲塌险情

冲塌险情的抢护原则：缓流防冲，护脚固基。

常见的抢护冲塌险情的方法如下。

1.沉柳缓流防冲法。这种抢护方法适用于水深流缓的险情，用枝叶茂密的柳树头，捆扎大块石等重物形成柳枕，顺堤从下游向上游，依次抛沉。水浅流缓时可在土工织物上压土袋或挂柳方法防冲（图 1-22）。

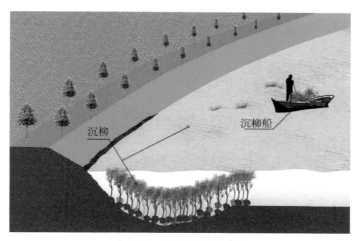

图 1-22 沉柳缓流防冲法

2.护坡固脚法。当水深流急、坍塌长度较短时，要先对冲刷堤段堤坡先进行清理，再抛投土袋、石块、柳石枕等防冲物体，抛投应从坍塌严重部位开始，依次向两边展开，直到稳定坡度为止（图1-23）。

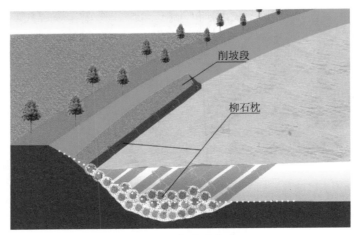

图1-23　护坡固脚法

（八）裂缝险情

堤防裂缝是常见的一种险情，常是其他险情的预兆。危害较大的有横向裂缝和纵向裂缝（图1-24）。

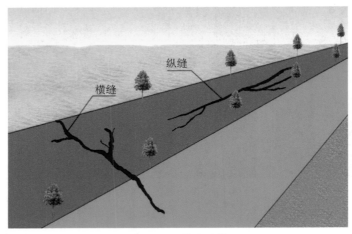

图1-24　裂缝险情

裂缝险情抢护原则：阻断水源，开挖回填。

横向裂缝产生的主要原因是相邻堤坝段坝基产生不均匀沉陷，多在堤坝合龙段、堤坝体与交界部位施工分缝处发生，横向裂缝一经发现必须迅速抢护。

常见的抢护横向裂缝险情的方法如下。

1. 横墙隔断法。这种方法适用于横向裂缝抢护。首先沿裂缝方向开挖沟槽，再每隔 3~5 m 开挖一条横向沟槽，沟槽内用黏土分层回填夯实。如裂缝已与河水相通，开挖沟槽前，应采取前戗等截流措施（图 1-25）。

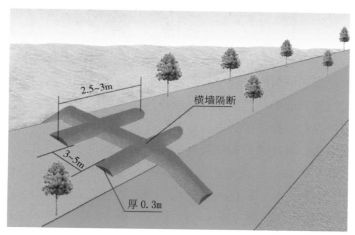

图 1-25　横墙隔断法

2. 土工膜盖堵法：在河水可能侵入缝内的情况下，可用复合土工膜（一布一膜）在临水坡裂缝处全面铺设，并在上面压盖土袋，起到截渗作用，同时，在背水堤坡铺设反滤土工织物，上压土袋，然后再采用横墙隔断法处理。对于较深的裂缝，可采用灌浆法，或采取上部开挖回填、下部灌浆的方法处理（图 1-26）。

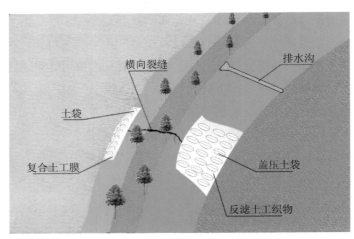

图 1-26　土工膜盖堵法

　　纵向裂缝产生的原因有堤坝填筑材料不同和施工碾压不均匀等，纵向裂缝发生时要有专人观测和维护，对发展较快的裂缝要采取抢护措施。

　　常见的抢护纵向裂缝险情的方法如下。

　　1. 开挖回填法。开挖前先查明裂缝的走向和具体宽度、深度、长度，挖槽深宽应超过裂缝 0.3~0.5 m，长度超过缝端 1 m，顺缝开挖，保持梯形断面，回填前洒水湿润，然后回填夯实。此法施工简单，处理彻底，效果较好，适用于深度在 5 m 以内并已停止发展的裂缝（图 1-27）。

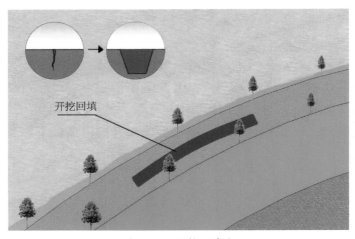

图 1-27　开挖回填法

　　2. 充填灌浆法。灌浆前要在灌浆部位上层开挖回填 2 m 以上土层作为阻浆盖，防止浆液外喷，然后灌浆，此法适用于较深的裂缝（图1-28）。

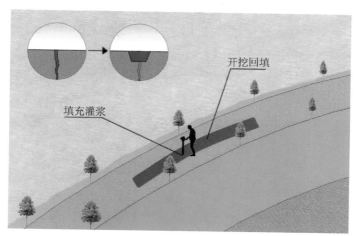

图 1-28　充填灌浆法

纵向裂缝灌浆应注意的是：①长而深的、非发展性的纵向裂缝一般用重力或低压灌浆；②未作出判断的纵向裂缝，不应采用压力灌浆；③在灌浆过程中，要注意坝坡稳定，加强对堤坝沉陷、位移和测压管内水位的观测。

（九）风浪险情

汛期河水上涨，水面变宽。当风速较大时，风浪对堤防冲击力强，轻者造成堤坡坍塌变陡，重者出现滑坡、漫溢等险情，甚至造成决口，应因地制宜，采取具体抢护措施进行抢护（图1-29）。

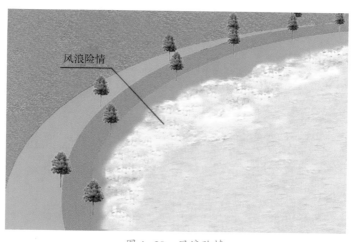

图 1-29　风浪险情

风浪险情的抢护原则：消能防冲，保护堤坡。

常见的抢护风浪险情的方法如下。

1. 土工织物防浪法。此法是最佳防浪方法，宜优先选用。具体做法是：先将编织布纵向铺放在堤坡上，上端用木桩固定在堤肩处并高出洪水位 1.5~2 m，另外用绳一端固定在木桩上，一端拴石头、土袋等重物坠压于水下，压住编织布，以防漂浮（图 1–30）。

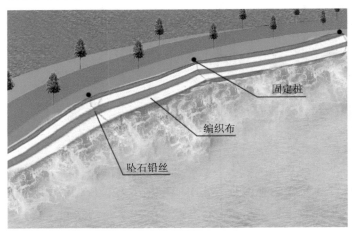

图 1–30　土工织物防浪法

2. 土袋防浪护堤法。土袋防浪法适用于风浪破坏已经发生的堤段，具体做法是用编织袋、麻袋装土（或砂、碎石、砖等），叠放在迎水堤坡。土袋应排挤紧密，上下错缝（图 1–31）。

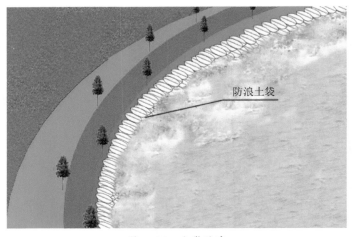

图 1–31　土袋防浪

3. 挂柳防浪护堤法。在堤顶打桩距为 2~2.5 m 的木桩，用双股铁丝或绳将枝长 1 m 以上、枝径 10 cm 以上的枝头系在木桩上，在树杈处捆扎砂（石）袋，使树梢沉入水下，削减风浪（图 1-32）。

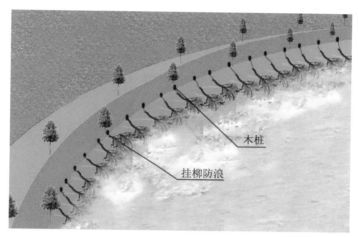

图 1-32　挂柳防浪护堤法

（十）漫溢险情

洪水位超过堤坝顶发生漫溢，险情抢护难度大，最容易导致洪水灾害，应迅速组织人力物力于洪水来临前在临水堤肩上抢修子埝，防止漫溢（图 1-33）。

图 1-33　漫溢险情

漫溢险情抢护原则：预防为主，水涨堤高。

常见的抢护漫溢险情的方法如下。

1. 土袋子埝法。传统土袋子埝法施工快，应优先选用。首先用编织袋或麻袋装土七八成满，分层交错叠垒，并踩实严密，然后在袋后填土帮戗防渗，或全部用土袋筑埝，但中间要加裹土工膜防渗（图1-34）。

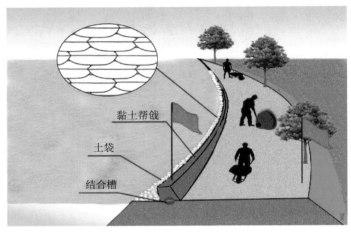

图1-34　土袋子埝法

2. 土工织物子埝法。在险情周围土料充足、运输有保障的情况下也可采用土工织物子埝法抢护漫溢险情。具体做法是先在距临水堤肩0.5~1 m处抢筑土埝，然后用彩条布或土工膜将其包盖，用石头等重物压盖固定，以防渗、抗冲（图1-35）。

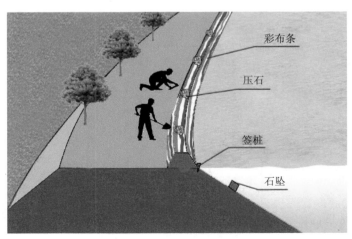

图1-35　土工织物子埝法

3.装配式子堤和板坝式子堤抢护法。装配式子堤和板坝式子堤是两种新型的抢护漫溢险情器材，具有安装方便灵活、经济、环保、能重复使用等特点（图1-36）。

图1-36　装配式子堤抢护法

（十一）决堤险情

江河、湖泊堤防发生险情，抢护不及时或措施不当，就会导致决口。对决口进行封堵称为堵口。

堵口要点：因地制宜，及时抢堵。

常见的抢护决堤险情的方法如下。

1.立堵法

（1）堤防决口两端利用钢管、木桩、铁丝、土袋做好裹头。

（2）从决口门两端同时抛投块石、捆枕、土袋等堵口材料。

（3）根据水深和流速采取不同方法。如流速不大或是静水，可直接填土进堵；如流速较大，可用打桩、抛枕、抛笼等进堵，最后集中抛投合龙（图1-37）。

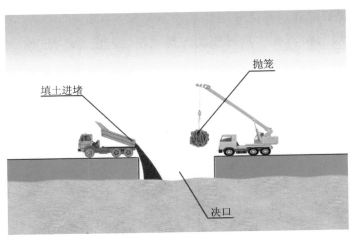

图 1-37　立堵法

2. 平堵法

（1）沿口门选定堵口堤线。

（2）利用架桥或船只平抛堵口材料，如散石、混凝土块、柳石枕、铅丝笼或竹笼、块石等，从河底开始逐层填高，直至高出水面，以堵截水流，达到堵口目的（图1-38）。

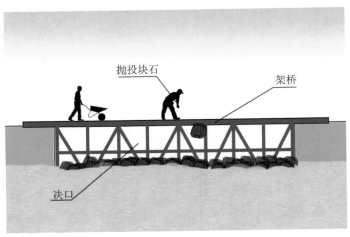

图 1-38　平堵法

3. 混合堵法

根据堤防决口的具体情况，也可因地制宜地采用平堵、立堵相结合（混合堵）

的办法进行堵口。

4. 钢木土石组合坝堵口法

（1）在堤防决口两端利用钢管、木桩、铁丝、土袋护固好坝头。

（2）由两端坝头向决口中心搭钢管架（三排间距 0.8~1.2 m 的钢管桩，用钢管连接成框架）。

（3）在钢管架顶层铺木板作为工作桥。

（4）在钢管桩之间置木桩。

（5）在木桩之间回填砂石料袋。

在龙口窄、流速大的情况下，框架可加密并设斜撑，以稳固框架（图 1-39）。

图 1-39 钢木土石组合坝堵口法

二、涵闸险情

涵闸是常见的水利工程，具有挡水、泄水作用。在长期运行后，由于设计、施工质量、工程老化、维修养护不及时及水情变化等诸多因素的影响，可能产生渗漏、冲刷、滑动等险情，如不能及时采取有效措施，就会导致水工建筑物的毁坏。

常见的涵闸险情及抢护方法如下。

（一）漏洞及渗水险情

由于工程标准不能满足防渗要求，施工质量不合格等原因，涵闸土石结合部夯填不实，在土石结合部或背水坡就会有清水、浑水渗出。

抢护原则：渗水险情要临水隔渗，背水导渗；漏洞险情要临水堵塞进水口，背水反滤导渗。

常见的抢护方法有以下几种。

1.堵塞漏洞法。当水深在2.5 m以内，且漏洞口不大时，可以用堵料（旧棉衣、棉胎、草捆等）塞堵，若水下水工建筑物裂缝较大或有孔时，可用棉絮、石棉绳、浸油麻丝等嵌堵。

2.背水反滤导渗法。可在险情发生处修筑反滤围井，利用反滤料（石块、柳枝、土袋、麻袋、土工织物等）进行反滤导渗（图1-40）。

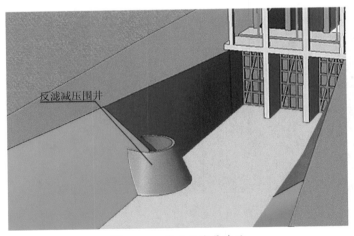

反滤减压围井

图1-40　背水反滤导渗法

（二）闸基渗水、管涌险情

当地下轮廓渗径不足、渗透比降超过地基土壤允许值时，可能发生渗水或管涌险情。

抢护原则：临水截渗，背水导渗。

常见的抢护方法有以下几种。

1.上游抛黏性土阻渗法。在闸上游的渗水处铺设复合土工膜，上面抛装土的土工编织袋，再抛黏土；若渗水口分布较散，可用船装黏土在渗水区抛填；也可让潜水工用黏土袋在水下封堵进水口（图1-41）。

图 1-41　上游抛黏性土阻渗法

2. 下游蓄水平压法。可在闸下游修建围堰蓄水，减小上下游水位差，达到控制渗水的目的（图 1-42）。

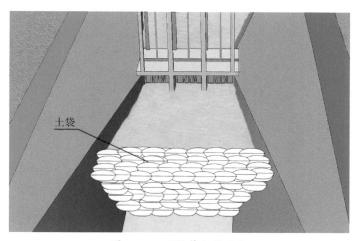

图 1-42　下游蓄水平压法

（三）涵闸滑动险情

由于涵闸渗压水头较大，水工建筑物不能满足稳定要求，可能发生位移、变形险情，这类险情危害性较大。

抢护原则：稳固基础，增加抗滑力，减小滑动力。

常见的抢护方法有以下几种。

1. 下游堆重法。在水工建筑物下游趾部发生滑动面的下端堆放重物（沙袋、石块、土袋等），阻止滑动（图 1-43）。

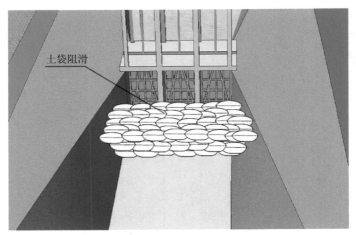

土袋阻滑

图 1-43　下游堆重法

2. 筑堰围堵法。在涵闸上游沿滩修筑临时围堰，让闸身不直接挡水，消除险情，围堰高度与两侧堤防高度相同（图 1-44）。

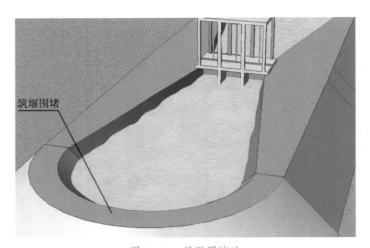

筑堰围堵

图 1-44　筑堰围堵法

第二节　常见抢险器材

防汛抢险器材在我国的抢险救灾中得到广泛的应用，在挽救人民群众生命财产安全，减少国家财物损失方面起着重要的作用。近年来，一些针对我国抗洪抢险实践研发的、拥有独立知识产权的新型抢险器材越来越多地应用于抢险减灾工作，这些新技术、新工艺、新方法让我们的抢险工作更科学、更系统、更高效、更环保。

常见的抢险器材有以下十五种。

一、装载机

装载机是一种广泛用于公路、铁路、建筑、水电、港口、矿山等建设工程的土石方施工机械。在抢险救灾中，装载机主要用于铲装土、砂石、石灰、煤炭等散状物料，也可对矿石、硬土等作轻度铲挖作业。换装不同的辅助工作装置还可进行推土、起重和其他物料如木材的装卸作业（图 1-45）。

图 1-45 装载机

抢险救灾中多用履带式装载机，履带式装载机接地比压小、通过性好、重心低、稳定性好、附着力强、牵引力大。

二、推土机

推土机是以拖拉机为原动机械，另加装有切土刀片的推土器组成的机械；用以清除地面、道路构筑物或类似的工作，前方装有大型的金属推土刀，使用时放下推土刀，向前铲削并推送泥、砂及石块等，推土刀位置和角度可以调整。推土机能单独完成挖土、运土和卸土工作，具有操作灵活、转动方便、所需工作面小等特点。

抢险救灾中，常选用附着牵引力大、接地比压小、爬坡能力强的履带式推土机（图 1-46）。

图 1-46　推土机

推土机多用于险情发生地戗堤进占、坝头合龙等大规模土石方施工作业。

三、挖掘机

挖掘机又称挖土机，是用铲斗挖掘物料，并装入运输车辆或卸至堆料场的土石方机械。挖掘机挖掘的物料主要是土、煤、泥沙以及经过预松后的土方和岩石。在抢险救灾中，多用于险情发生地土石方施工，也可用于物料的吊装，木桩、钢管桩的植入等作业（图 1-47）。

图 1-47　挖掘机

四、防汛抢险作业车

防汛抢险作业车是由汽车底盘和作业箱组装而成，主要包括移动供配电系统、野外金木工作业系统、照明系统及辅助设备。该车主要用于在抢险现场实行伴随保障，进行锯、切、刨、剪、磨、焊、割、钻孔、攻丝等多项作业，现场加工各种类型的木桩、钢管及制作、切割抢险现场所需的钢结构等，提高抗洪抢险的作业效率（图1-48）。

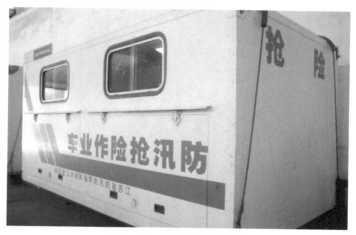

图 1-48　防汛抢险作业车

作业车上配备的电锯、油锯、电刨等木工设备可用于加工木桩及其他木制材料；电焊机用于现场焊接抢险所需的各种钢构件；发电机可为用电设备提供电源；气割枪用于切割、加工钢构件；砂轮切割机、电冲剪、台钻、锤钻及钳工工器具可用于金属构件的切割加工。此外，车上还配有部分安装及维修工具用于抢险安装，以备自身和其他设备维修的需要。

具体操作步骤：

（1）将防汛抢险作业车驶到指定位置，清理平整周围场地；

（2）检查发电机组并启动，接好电源开关盒；

（3）打开四周箱板，整理并将各种设备安装到工位；

（4）打开电源开关，开始各种抢险器具的加工；

（5）在任务结束后或有转移指令时，断开电源，关闭发电机，整理设备器具装车。

五、后勤保障车

后勤保障车是由汽车底盘和作业箱组装而成，作业箱内配有水箱、油灶、蒸饭箱、冰柜和各种炊具，另配一套发电机组为这些设备的运行提供电能，在附近有电源的情况下也可以接入外接电源，保障车的功能主要是为野外抢险救灾人员提供及时的后勤保障。具有反应灵敏、移动迅速、操作简单等特点（图1-49）。

图1-49　后勤保障车

具体操作步骤：

（1）将后勤保障车驶到指定位置，清理周围场地；

（2）进行整车的底盘支护，方便人员在上面操作；

（3）在附近有水源和电源时可以接入；

（4）在食材准备完成后，可以进行食材的加工，为抢险人员提供就餐服务；

（5）在任务结束后或有转移指令时，要拆除外接水源和电源，停止设备运行，整理后装车。

六、冲锋舟

冲锋舟常见的有玻璃钢板式的冲锋舟和橡皮艇式的冲锋舟，在抢险救灾中主要用于强渡江河、水上通信、水上搜救、转移受灾群众、运送抢险物资等抢险作业（图1-50）。

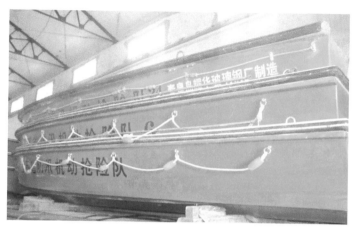

图1-50　冲锋舟

冲锋舟包括舟体和外挂发动机组，每艘冲锋舟至少配两名操作手互相配合完成冲锋舟的基本操作。

1. 下面以YAMAHA E40H机型为例，介绍冲锋舟的操作：

（1）检查待使用的冲锋舟体、发动机、操舟附属装备。

（2）按比例配好燃油（92号汽油与专用二冲程润滑油的混合比为50∶1）。

（3）将发动机安装在冲锋舟艉板上，将夹具固定在艉板上并旋紧发动机的穿心紧固螺栓。

（4）油管两端按油管上箭头标记方向分别连接发动机和油箱，旋开油箱放气螺栓，进行泵油直至泵满。启动发动机后，可以进行各项抢险任务。

（5）使用结束后，关闭电锁，拆除油管，将发动机叶轮搬离水面后锁定定位销。

2. 冲锋舟的操作注意事项：

（1）冲锋舟操作手和乘船人员必须身着救生衣，驾驶时要注意水流和水深，遇浅滩或障碍物必须将发动机搬起做浅水行驶，避免发动机叶桨损坏。

（2）发动机在入库保存前一定要将发动机内油路残留的混合燃油烧完或排空，油箱拧紧放气螺钉，放置到安全地方。

七、便携式防汛抢险打桩机

便携式防汛打桩机，是由发动机、软轴和激振器三部分组成（图1-51）。

图1-51　便携式防汛抢险打桩机

其工作原理是：通过机械软轴将发动机的动力传到激振器上，通过控制油门调节激振器的振幅，从而将木桩植入地下。

便携式防汛打桩机具有携带方便、组装迅速、适应性强、作业效率高等特点。主要适用于在中等硬度黏性土、沙壤土质或水下黏性土中快速植入木桩（适用桩径≤200 mm）或钢管桩。

具体操作步骤：

（1）将桩（木桩和钢管）垂直插立于需要打桩的地面上；

（2）2人将激振器抬放于桩的上端，将下端固桩卡盘上的固定镙钉锁紧；

（3）通过软轴连接发动机和激振器；

（4）垂直扶持好打桩机，调节油门，提高转速，完成植桩作业；

（5）待桩进入所需深度后，停机，拆分配件。

八、气压植桩机

气压植桩机的动力源为柴油机及单组压缩往复活塞式空气压缩机；在抢险救灾中多用于在中等硬度黏性土中快速植入钢管桩。

　　气压植桩机的基本结构主要由上框架、植桩机机体、上下框架连接杆、下框架、快换接头、锁销等组成（图1-52）。

图1-52　气压植桩机

　　具体操作步骤如下。

　　（1）安装。由四名操作手组装连接上框架、上下框架连接杆、下框架、植桩机机体并用锁销固定，再将高压风管一端与植桩机机体上快换接头连接，另一端与空气压缩机连接，用管夹固紧。

　　（2）使用。启动机器，待储气筒内的气压达到额定气压后就可以开始植桩作业。

　　（3）植桩作业。2~3名作业手举起组装好的植桩机框架，使植桩机机体套入垂直于地面的钢管桩上端，垂扶并稍向下用力拉动框架开始植桩作业。当桩体达到植入深度后，操作人员抬起框架即可停止作业。

　　（4）停机。抬起框架后，随即关闭空气压缩机开关，柴油机熄火，拆分构件。

九、彩条布

彩条布是篷布的一种，一般分为聚乙烯彩条布和聚丙烯彩条布（图1-53）。

图1-53 彩条布

彩条布具有耐晒和良好的防水性能，多数在堤坝内持续高水位、水向堤坝外渗透形成渗水险情的情况下，采用彩条布进行临水截渗，以减少渗水量、降低浸润线，达到控制渗水险情发展和稳定堤坝边坡的目的。

彩条布截渗的具体做法是：

（1）清理铺设范围内的边坡，以免造成彩条布的损坏；

（2）彩条布的垂直长度以铺满边坡并深入临水坡脚以外1 m以上为宜，宽度方向搭接长度应大于0.5 m；

（3）铺设前在临水堤坝肩上将彩条布卷在滚筒或钢管上，使彩条布能够沿坡面紧贴展铺；

（4）彩条布铺好后，在其上面满压1~2层内装砂石的编织袋或土工膜袋。

十、土工布

土工布，又称土工织物，它是由合成纤维通过针刺或编织而成的透水性土工合成材料。土工布是土工合成材料的一种，成品为布状，一般宽度为4~6 m，长度为50~100 m。抢险救灾中多使用针刺无纺土工布（图1-54）。

图 1-54 土工布

土工布具有过滤、反滤、隔离、加固、防护等多种功能。

在抢险救灾中用于抢护堤坝管涌和渗水类险情，防止堤坝的垮塌。利用土工布抢护渗水险情比传统的反滤层施工较简单，耗料少，其原理是相同的。

具体做法：

（1）清理铺设范围内的边坡，以免造成土工布的损坏；

（2）土工布的尺寸应以渗水险情发生点向外延伸 2~3 m 为宜，搭接长度应大于 0.5 m；

（3）土工布应从背水坡堤肩向下紧贴坡面展铺；

（4）土工布铺好后，在其上面外框及接缝处应压 1~2 列内装砂石的编织袋或土工膜袋。

（5）边框外围要开挖导流水槽，将渗水导流出险情发生点。

十一、装配式围井

装配式围井是由单元围板现场装配而成，主要用于抢护堤坝管涌破坏险情，具有抢护速度快、效果好和可重复利用等优点；是抢护堤防管涌的有效措施之一。它既可用于抢护单个管涌，又可抢护管涌群。其作用原理是使围井内保持一定的水位，降低管涌孔口处的水力坡降，减少动水压力，使流动的土颗粒恢复稳定，从而达到抑制管涌破坏继续发展的目的。

装配式围井具有施工高效，抢险强度低，装配灵活，适应性强，便于运输，可重复使用等特点（图 1-55）。

图 1-55　装配式围井

1. 装配式围井的组成

（1）单元围板。单元围板是装配式围井的主要组成部分，单元围板主要由挡水板、密封条、连接件等三部分组成，部分围板设置一个排水孔。

（2）围井杆。主要作用是连接和固定单元围板，是固定和封闭围井的前提。

（3）排水系统。排水系统由带堵头排水管件构成，主要作用为调节围井内的水位。

（4）止水系统。单元围板间采用柔性化工防水材料，用于防止单元围板间漏水。

（5）过滤系统。控制管涌流动的土颗粒，使之恢复稳定。

2. 作业方法

（1）开设防渗槽。以管涌为中心，用作业尺标定防渗槽。

（2）装配围井

①连接围井单元面板；

②将连接好的单元面板装配至防渗槽内并连接固定；

③回填防渗槽；

④铺设过滤系统（第一层为配重体，第二层为过滤体，第三层为配重体，第四层为过滤体，第五层为配重体）；

⑤连接导水装置。

十二、滤垫

土工滤垫是一种抢护堤防和大坝管涌险情的专用器材，其作用为"滤土排水"，即防止土颗粒流失，排除渗水，消减全部或大部分渗透压力，以保护土体结构不发生变化，达到稳定险情的目的。它既可用于抢护单个管涌，又可抢护管涌群（图1-56）。

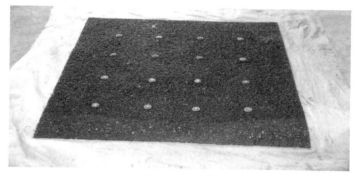

图 1-56 滤垫

1. 滤垫的结构

滤垫的结构是根据堤防管涌险情的特点设计的，由五部分组成：

（1）底层减压层。底层减压层为土工席垫，是由改性聚乙烯加热融化后通过喷嘴挤压出的纤维叠置在一起，熔结而成三维立体多孔材料，根据抢护管涌的土质采用不同颜色以视区别（粉砂为黄色、细砂为黑色、中砂为绿色）。

（2）中层过滤层。中层过滤层为特制的土工织物，具有一定的厚度、渗透系数和有效孔径，其功能为"滤土排水"，可替代传统的颗粒滤层。

（3）上层保护层。上层保护层同样采用土工席垫，它具有较高的抗压、抗拉强度，其作用为保护中层过滤层，在使用过程中其特性不发生变化。

（4）组合件。组合件将上述减压层、过滤层及保护层三层组合成复合体。

（5）连接件。当单块滤垫不能满足抢护管涌时，则可将若干块滤垫拼装成滤垫铺盖。此时第二块滤垫置于第一块滤垫伸出的土工织物上，再用连接件（特制塑料扣）加以固定。

2. 滤垫的主要特点

土工合成材料滤垫是一种全新、高效、快捷、环保型防汛抢险器材，具有装配灵活，适应性强，便于储运，可重复使用等特点。

3. 滤垫的作业方法

第一步：以发生管涌的土质确定滤垫的规格型号，然后以管涌孔口的大小确定滤垫的安装范围。

第二步：清理现场，在管涌出口周围清除树木、块石等杂物，整平场地。

第三步：铺设滤垫，先在管涌出口处放置第 1 块滤垫，然后在第 1 块滤垫的四边叠置 4 块滤垫，再在四个边角叠置 4 块滤垫，并用连接件（特制塑料扣）加以固定。

第四步：叠置滤垫的同时，在上面覆盖重物，可采用装砂石防汛编织袋或块石均匀堆放在滤垫的连接处和管涌孔处。

第五步：观测抢护及运行维护。

（1）滤垫在运行中要 24 小时看护，检查运行是否正常。

（2）发现问题要及时处理。①滤垫若出现漂浮，立即均匀施加上覆荷重；②若滤垫周边出现涌砂，立即增加滤垫；③若发现采用的滤垫规格型号不对，应及时撤换。

十三、装配式子堤

装配式子堤主要用于抢护堤防和大坝的漫溢浪坎险情。它的主要作用一方面是防止由于堤防防洪标准低或遭到超标准特大洪水，江河水位猛涨并超过堤顶高程而造成漫溢成灾；另一方面是防止在汛期高水位，由于遭受强风大浪，江河水翻越堤顶而造成局部堤段浪坎险情（图 1-57）。

装配式子堤具有装配灵活，适应性强，便于储运，可重复使用等特点。

1. 装配式子堤的组成

装配式子堤主要由单元挡板、底部框架和撑杆三部分组成。

（1）单元挡板。单元挡板是装配式子堤的主要组成部分，它由挡水板、加筋角铁和止水系统等三部分组成。挡水板为高强度塑料板，具有抗拉和抗冲击强度高等优点；加筋角铁可提高单元挡板的整体强度；单元挡板间的止水系统采用复合土工膜，用于防止单元挡板间漏水，在挡板装配时，将单元挡板上的止水复

图 1-57 装配式子堤

合膜用螺栓加压条固定在相邻挡板的螺孔上，达到防渗止水要求。

（2）底部框架。其主要作用为固定单元挡板，采用角钢和方管制成。在硬基和软基上，分别采用膨胀螺丝和特制钢钎固定。

（3）撑杆。它采用方管制成，主要作用是承受水压力。

装配式子堤抢护堤防漫溢浪坎险情的原理是采用单元挡板挡水，底部框架固定和撑杆支撑，共同承受水压力。

2. 装配式子堤抢险作业操作

第一步：根据预先制定的子堤长度和方向，确定子堤的安装位置。

第二步：连接单元挡板与底部框架。

第三步：将连接好的单元挡板与底部框架置于设定位置。

第四步：用螺栓及压板将单元板间的止水复合土工膜压好。

第五步：在硬基上，用电锤在底部框架的固定孔位置打孔，并用膨胀螺丝固定；在软基上，直接将钢钎插入底部固定孔并夯入地下。

第六步：如单元挡板与堤顶连接处漏水，可直接采用黏土或彩条布等材料防渗。

第七步：运行观测及维护。

（1）装配式子堤在运行中要 24 小时看护，检查运行是否正常；

（2）发现问题要及时处理：①如单元挡板与地面的接触面渗漏，可用土回填单元挡板与堤顶空隙，也可将彩条布置于子堤内，用水压和土袋压实密封；

②如单元挡板破坏，可用装土袋填筑。

十四、板坝式子堤

板坝式子堤作为一种新型现场装配式挡水子堤，主要用于沙壤土、壤土、黏土及混凝土、沥青等软、硬质堤防作应急防漫堤抢险（图1-58）。

图1-58　板坝式子堤

板坝式子堤具有依水治水、高效快捷、组坝灵活、适应性强、便于储运、造价低廉、回收复用、绿色环保等特点。

1. 板坝式子堤的组成

（1）角架。由钢管成形焊接而成，是坝体的支撑框架。A型为通用支撑框架，B型为便于相邻挡水防渗搭接而设置的专用支撑框架。

（2）横梁。由钢管与专用接头焊接而成，是坝体的连接支撑件。

（3）挡水支撑板（支撑板A）。主体为波纹复合板，挡水支撑板与角架、横梁通过螺栓固定成一体。

（4）连接板兼防渗定位卡子（支撑板B）。一是作为相邻挡水支撑板固定搭接定位卡子；二是作为相邻挡水防渗布防渗定位卡子。

（5）土基专用防渗定位卡子。是专为土基条件下相邻挡水防渗布防渗止水而设计的专用定位卡子。

（6）挡水防渗布。为二布一膜的土工膜布或双面涂胶布。设置在刚性坝体迎水侧，是子堤挡水防渗的关键部件之一。

（7）止水弹性体。由具有弹性功能的橡塑材料制成，专门用于硬质堤基条件下坝体下沿止水。

（8）抗位移异形板兼止水定位卡子。由钢板冲压成型。根据堤基的不同，有两种使用方法：在软质堤基应用时倒置于沟槽中起抗位移作用；在硬质堤基应用时起到定位挡水防渗板和压实止水弹性体的作用。

（9）L形桩。由钢板压型而成，在土基条件下起定位和抗横滑作用。

（10）定位卡子。由钢板压型而成，在硬基条件下与膨胀螺栓或道钉配合，起固定和抗横滑作用。

（11）弹性挂钩。由弹簧钢丝制成，用于挡水防渗布的搭挂、定位。

板坝式子堤是引用水工中面板坝原理，用多个角架、横梁、挡水支撑板等部件连接紧固形成刚性子堤坝体，挡水支撑板和挡水防渗布起到面板坝挡水作用。埋入软质堤基土中的挡水防渗布起到防渗流作用。

2. 板坝式子堤在软质堤基上的操作方法

第一步：确定子堤轴线（子堤迎水侧沟槽距迎水侧堤顶边沿 50 cm 为宜），平整堤基表面。

第二步：开挖防渗抗位移槽。开设防渗及抗位移沟槽 3 条（防渗槽、抗位移槽、防渗兼抗位移槽），并将挖出的土，堆放在沟槽迎水侧备用（必要时，也可只开防渗兼抗位移槽一条）。

第三步：设置刚性支撑体，可采取分组装配三角架和横梁，形成单元式结构，待沟槽开设完毕，即可将若干个单元组合放置到预定位置。

①设置异形板。将异形板放置于抗位移槽中。

②装配角架和横梁。将三角架交替地放在两块异形板接缝中间及单块异形板中间位置，同时依次将横梁插接后，安装在角架定位螺栓处。

③装配挡水支撑板及连接板兼防渗压板。先将挡水支撑板及连接板兼防渗压板交替地安装在角架和横梁的相应位置上，而后用螺母配弧形垫紧固（挡水防渗布搭接处暂不紧固）。

④夯入防位移道钉及 L 形桩。

第四步：搭挂、埋设挡水防渗布。

①折叠挡水防渗布。将挡水防渗布按照 1.70 m（作为挡水部分）、2.30 m（作

为防渗部分）折叠后（折叠线为红色标志线），放置在防渗兼抗位移槽外侧（因挡水防渗布展开后幅面太宽，此步骤应在第二步完成后实施，必要时，也可对折埋设在防渗兼抗位移槽内）。

②将挡水防渗布掖入防渗抗位移沟槽内。

③将挡水防渗布（挡水部分）搭挂在支撑板弹性挂钩上（起点对位），将挡水防渗布（防渗部分）暂时搭挂在支撑板上。

④用土将防渗抗位移沟槽埋实。

⑤将挡水防渗布掖入防渗沟槽内，并用土埋实。

第五步：相邻挡水防渗布防渗处理。

①用连接板兼防渗压板分别将相邻重叠的挡水防渗布两端用力压实，并拧紧防渗板固定螺母。

②在相邻挡水防渗布（堤面部分）重叠处上下侧分别放置一块土基专用防渗压板（上下两块波纹要重合），并在其上压沙土袋，通过压力密封，达到防渗目的。

第六步：板坝式子堤运行及维护。

①板坝式子堤在运行中要 24 小时看护，检查运行是否正常。

②发现问题要及时处理：

若挡水支撑板变形，则用备用支撑板和支架压在后面。若防渗布撕破，则在迎水侧用大块土工布铺盖，并用土、沙袋压实密封。

3. 板坝式子堤在硬质堤基上的操作方法

第一步：确定子堤轴线（子堤前沿距迎水侧硬质堤基边沿 35 cm 为宜，也可紧挨堤基边沿布置）。

第二步：设置刚性坝体。

①根据子堤轴线位置，铺设止水弹性体。

②在止水弹性体上铺设挡水防渗布。将整幅挡水防渗布对折后，对折线朝内铺在止水弹性体上（对折线距离止水弹性体 10 cm）。

③设置连接异形板。将异形板依次插接放置在挡水防渗布上，其纵向轴线应与止水弹性体轴线重合。

④设置角架、架设横梁及支撑板。此步骤参照软基第三步实施。

⑤用定位卡子和道钉（膨胀螺栓）将角架固定在堤面上。

第三步：搭挂、固定挡水防渗布。

第四步：处理相邻挡水防渗布防渗问题。

用连接板兼防渗压板分别将相邻重叠的挡水防渗布两端用力压实，并拧紧防渗板固定螺母。

第五步：板坝式子堤运行及维护。

①板坝式子堤在运行中要 24 小时看护，检查运行是否正常。

②发现问题要及时处理：

若挡水支撑板变形，则用备用支撑板和支架压在后面；若防渗布撕破，则在迎水侧用大块土工布铺盖，并用土、沙袋压实密封。

十五、抢险照明器材

常用的抢险照明器材有移动式灯塔和全方位移动照明灯塔（图 1-59）。

图 1-59　抢险照明器材

1. 移动式灯塔（以 L6-MH 型为例）

L6-MH 型移动灯塔，由优质的久保田小型柴油发动机提供原动力，持续工作时间长且节约能耗；伸缩灯柱高度可调，最高达到 9.15 m，能做 360° 回转并可锁定位置；4 个 1 000 W 的高压钠灯在大雾及灰尘多的天气下也能发挥作用；外接输出插座，可作外接电源使用，提供 220 V 或 110 V 交流电源。灯塔具有坚固的行走系统，保证离开或抵达工地的过程中整机不受损坏，满足了野外作业的需要，能较好地保障野外抢险及施工现场的夜间照明。

使用方法：

（1）平整场地；

（2）灯塔支护，调整水平，升起灯杆并进行锁定；

（3）启动发动机，闭合线路开关；

（4）逐个灯头送电；

（5）使用结束后，关闭电源，关闭发动机，降下灯杆。

2. 全方位移动照明灯塔（以 SFW6130B 型全方位移动照明灯塔为例）

SFW6130B 型全方位移动照明灯塔采用本田发动机和斯坦福发电机，输出功率为 2.5 kW，采用 4 个 500 W 金卤灯提供照明。该设备适用于维护抢修、事故处理、防汛抗洪、抢险救灾等大面积照明。

SFW6130B 型全方位移动照明灯塔采用压缩空气升降，最大升起高度 6 m；灯塔整体采用优质合金材料制作，结构紧凑，性能稳定，能在各种恶劣环境和气候条件下正常工作（图 1-60）。

使用方法：

（1）平整场地；

（2）固定灯塔，安装气缸灯杆和灯盘；

（3）启动发动机，利用气泵升起灯杆，闭合线路开关；

（4）逐个灯头送电；

（5）使用结束后，关闭电源，降下灯杆，关闭发动机。

图 1-60　全方位移动照明灯塔

第二章　抗旱排涝设备

固定泵站系统在工农业生产和抗洪抗旱减灾中发挥了重要作用。但随着近年来全球气候变暖，出现恶劣气候的年份逐渐增加，发生大涝大旱的概率逐渐增大，出现严重洪灾旱灾的区域表现出很大的不确定性，在出现灾害区域没有固定泵站或固定泵站抗排能力不足时，使用机动灵活的移动泵站，是提高抗洪抗旱减灾能力的重要措施。移动式泵站具有单机流量小、投资小、机动灵活性强、可灌可排、利用效率高等特点。

第一节　移动式抗旱排涝机组及适用场合

移动式泵站的主要设备是移动泵机组，是指在需要排涝抢险、抗旱救灾情况下，能够快速装运至抢险现场进行抽水，完成任务后可随时撤离现场的抗旱排涝设备。目前，主要使用类型有柴油机泵机组、潜水电泵机组、车载移动泵机组、船载移动泵机组、变频泵机组等。

一、柴油机泵机组

柴油机泵机组由柴油机和水泵及其附件组成，可单独储存、装运，在到达抢险现场后进行安装、调试并运行，适用于无电源地区以及多机组、大流量抽水场合，如大面积排涝、抗旱灌溉、施工排水等。

二、潜水电泵机组

潜水电泵机组由电动潜水泵、安装轨道、控制柜、电力电缆及配套管件等组成，装运到抢险现场后进行安装、调试并运行，适用于有电源（含自发电）等场合。

三、车载移动泵机组

车载移动泵机组是将柴油发电机组、控制柜、电动机和水泵集成安装在车辆上，能够依靠车辆自身动力行驶到抢险现场，或由其他动力拖拽至抢险现场进行安装、调试并运行。主要有轮式、拖车式、履带式移动泵机组，适用于城市内涝、应急排水等场合。

四、船载移动泵机组

船载移动泵机组是把柴油机和水泵等集成安装在船上，航行到抢险现场后进行安装、调试并运行，适用于河网地区车辆无法通行、其他移动泵机组架设比较困难的场合。

五、变频泵机组

变频泵机组由潜水电泵、变频控制柜及配套管件等组成，装运到抢险现场后进行安装、调试并运行，可通过变频器进行流量调节。机组及其配套较轻，适用于地下车库、立交涵洞、大型设备无法进入的场合。

第二节 移动泵机组架设及运行维护

一、柴油机泵机组（图 2-1）

（一）机组架设

1. 机泵安装

（1）根据抢险现场具体情况，合理选择架机位置，要考虑到机组架设占用面积，方便机组安装。机组安装高程，应低于水泵的最大吸程。

（2）机泵选型配套：495 型柴油机配进出水口径为 350 mm 的 8 m 扬程水泵或进出水口径为 300 mm 的 12 m 扬程水泵，295 型柴油机配进出水口径为 300 mm 的 8 m 扬程水泵。

（3）在机组安装处，整理出安装平台，每台机组占地面积不小于 2 m×2 m。

图 2-1　柴油机泵机组

（4）将机泵一体金属支架放至机组安装位置，保持水平，再将柴油机、水泵分别吊装至支架上。吊装时应注意不要碰坏油管、水箱及其他外露部分。已组装好的一体化柴油机泵可直接吊装至架机位置。

（5）调整机泵前后、左右位置，使水泵皮带轮与柴油机皮带轮位于同一平面。

（6）安装皮带，通过调节机泵地脚螺栓来调节皮带张紧度。

（7）紧固机脚螺栓、泵脚螺栓。

2. 进水管安装

（1）根据水泵进水口至进水池水面距离确定进水管长度（节数），连接好进水管和莲蓬头。管节连接处应垫压两块橡胶垫，使连接紧密不漏气。

（2）将进水管道送入水中，莲蓬头的止水页轴线应垂直于水面。

（3）调整水泵进水口90°弯头，使之与进水管紧密对接。

3. 出水管安装

（1）根据出水池至水泵出水口距离确定出水管长度（节数）。

（2）调整水泵出水口两个45°弯头，使弯头出水口指向出水池并稍向上倾斜，固定弯头，连接出水管至出水池。观察出水管末端高低，可松开弯头进行调整，使出水管末端稍向上。进水管与出水管应位于水泵两侧，出水管不应从柴油机上方经过。

（3）下出水水泵的出水管末端应高于水泵蜗壳顶端。

（4）出水管道较长时，应对出水管进行支撑，在出水管下方每4 m加一个支撑。

4. 出水口防冲

必要时，出水口处应进行防冲处理。可在出水池抛石防冲，坡面铺设彩条布、塑料布、防水土工布等进行防冲。

（二）机组运行

1. 开机前准备

（1）柴油机检查

①去除进、排气口防尘罩，加装空滤总成及消音器。

②检查输油管道及各接头部位松紧度，有无渗漏油。

③检查油箱是否完好，油量是否充足，油质是否符合标准。

④检查油底壳是否漏油，机油量是否在标准刻度线范围，不同季节使用相应

标号的柴机油。

⑤检查散热器是否完好，冷却水是否充足。未自带散热器的柴油机，将柴油机冷却水泵进水口连接至水泵泵壳顶部的注水口，通过在注水口处安装调节阀控制冷却水的供水量，启动柴油机前，应预先将冷却水泵进出水管内灌满冷却水。

⑥手动盘转皮带轮，曲轴连杆、燃油泵、凸轮轴以及柱塞应无卡滞或不灵活的现象，并将调速手柄由低速到高速位置来回运动数次，齿条与芯套的运动应无卡滞现象。

⑦启动电源（蓄电池）是否正常。

（2）水泵检查

①将水灌入水泵蜗壳浸没叶轮轴。

②检查并调整填料松紧。

③检查并加注轴承润滑油。

2. 开机运行

（1）连接柴油机输油管并排除油路空气。排空油路空气后，将各缸喷油器上的高压油管接头松开，通过手摇驱动柴油机运转，使所有高压油管正常喷油。

（2）将调速手柄调至中速位置。

（3）分离柴油机离合器。

（4）将减压手柄扳至减压位置。

（5）连接启动电路，蓄电池正极接至柴油机启动马达的正极桩头，负极接至柴油机机体上。

（6）将启动开关旋至启动位置，待启动电机带动柴油机空转数圈后，迅速松开减压手柄，柴油机启动成功后松开启动开关。每次启动电机不许超过 5 秒，一次启动未成功的，再次启动间隔时间应在 1 分钟以上。柴油机启动后先在中速运转 5 分钟左右，然后逐步提高转速进行预热运转。待冷却水温度升至 50℃以上时，方可带负荷作业。天气寒冷时，可采取加热水、加热机油的方法给机体加热，以便于启动。

（7）混流泵可从泵壳顶部的注水口或出水管口进行灌水，直至淹没水泵叶轮。

（8）混流泵灌水结束，柴油机正常运行后，闭合柴油机离合器，输出动力驱动水泵运转，并调整柴油机调速器，慢慢加大油门至适当位置。

（9）柴油机在运行中应注意判断柴油机的排烟和声响是否正常，定时检查机油压力、机油温度、冷却水温是否在正常范围内，冷却水是否正常循环，燃油是否充足，皮带是否过松等，发现问题及时处理，确保机组安全运行。

（10）水泵在运行中，应定时检查水泵轴承润滑油是否在正常范围内，缺少时要及时补充；轴承温度一般不得高于环境温度35℃，且最高不能超过75℃；检查各螺栓是否松动；检查水泵填料盖处水滴是否成滴状间断漏出，否则，通过调整填料盖上的紧固螺母，使水滴速度达到要求。

3. 停机

（1）柴油机泵在停机前应逐步卸去负荷，先缓慢降低柴油机油门，使水泵出水逐渐减少直至停止出水，分开柴油机离合器，让柴油机在中、低速空转2~5分钟后，扳动停车手柄切断供油直至柴油机停机后再松开。

（2）在冬季停机后，必须打开机体放水阀，放尽冷却水，以免冻坏机体、冷却水泵和散热器。放水时，必须把散热器的加水口盖打开，以免冷却水放不尽。

（3）如发生飞车，可采取堵住进气口、松开高压油管螺母等方法进行紧急停机。

（三）维护保养（图2-2）

1. 柴油机维护保养

为了使柴油机工作正常可靠，减少故障，延长修理周期和使用寿命，除了正确地使用和操作以外，还必须认真地进行维护保养。

图2-2 柴油机泵机组维护保养

（1）每班维护保养

①检查油底壳、喷油泵及空气压缩机内的机油油面，不足时及时增添至规定高度。

②检查水箱内的冷却水是否充足，必要时加注。

③检查燃油箱内的燃油是否充足，必要时加注。

④检查柴油机的固定螺栓、各附件的安装螺栓是否松动，必要时及时紧固。

⑤检查并消除漏气、漏油及漏水的现象。

⑥消除在工作中所发现的故障和不正常现象。

⑦消除柴油机和各附件上的油污及灰尘，保持清洁。

⑧在灰尘较多的环境下工作，需每天清除空气滤清器积尘盘内及纸质滤芯表面附着的尘土。

（2）一级维护保养（累计工作 125 小时以后）

①完成每班维护保养内容。

②用油枪往水泵轴承处注入黄油。

③用油枪往动力输出轴承处注入黄油。

④检查蓄电池的电解液液面高度，应保持高出极板 10~15 mm，不足时要加蒸馏水。

⑤消除空气滤清器积尘盘内及纸质滤芯表面附着的尘土。

⑥检查风扇皮带的张紧程度，必要时应予以调整。

⑦拆下侧盖板，检查连杆螺栓的完好情况。

⑧检查气门间隙，并调整到规定数据。

⑨累计工作 250 小时后更换机油滤芯及密封圈，并清洗机油滤清器。

⑩累计工作 250 小时后清洗燃油滤清器及其滤芯。

⑪累计工作 250 小时后更换油底壳机油，并清洗油底壳和机油滤网。

（3）二级维护保养（累计工作 500 小时以后）

①完成一级维护保养的各项工作。

②更换燃油滤清器滤芯及密封圈。

③更换喷油泵调速器及空气压缩机内的机油。

④检查气门密封性，必要时进行修整研磨并重新调整气门间隙。

⑤检查并调整供油提前角。

⑥检查喷油器的喷油压力及雾化情况，必要时调整喷油压力或清洗喷油器偶件。

⑦检查连杆螺栓、主轴承螺母的紧固及锁紧情况。

⑧检查水泵泄水水孔的滴水情况。如滴水严重，应更换水泵水封。

⑨清除排气管消声器内的积炭。

⑩检查电气设备各电线接头是否牢固，发现烧痕时予以清理。

⑪检查离合器的分离杠杆与分离轴承的间隙，必要时予以调整，并加适当的润滑油润滑分离杠杆。

⑫检查气泵气阀的密封性，必要时进行研磨。

⑬检查真空泵各连接处的密封性及单向阀阀体是否损坏。

（4）三级维护保养（累计工作 1 000 小时以后）

①完成二级维护保养所规定的各项工作。

②更换空气滤清器滤芯。

③清除冷却系统中的水垢。

④清洗燃油箱及各燃油管道。

⑤检查真空泵的叶片及泵座的工作表面是否损坏或过度磨损，密封圈是否老化或损坏，转子与发电机主轴的花键配合是否松动。

⑥根据发动机的技术状态，决定是否可不加检修而继续使用。必要时应拆卸柴油机的有关零件；检查和测量活塞环、缸套、连杆轴瓦、主轴瓦等的磨损情况；清除气缸盖、活塞、活塞环、气缸套内的积炭。

（5）柴油机的封存

当柴油机长期不用时，可按下述方法进行封存：

①清除柴油机外表的灰尘和油污。

②放空机油、冷却水及柴油。

③清洗机体、油底壳、滤油网及冷却系统。

④将过滤的机油加热到 110~120℃ 直到泡沫完全消失为止，然后将脱水处理过的这种机油加入油底壳至机油标尺的上刻线，并转动曲轴，使整个润滑系统充满机油。

⑤从气缸盖上的喷油器孔口向气缸内加入少量的上述脱水机油，然后转动曲轴，使机油附着在活塞、活塞环、气缸套及气门密封面上。

⑥外露加工表面涂防锈油（用脱水机油加凡士林搅拌溶合均匀）。

⑦所有外露管口（进、排气管，进、出水口等）须遮掩妥当，以防异物进入。

⑧橡胶及塑料制品零件禁止涂油。

⑨柴油机应存放在通风良好、干燥清洁的室内；柴油机应加罩板以防灰尘落入；严禁存放在堆有化肥、农药等化学品的地方。

⑩封存期超过三个月应作一次检查，必要时按上述方法重新封存。

图 2-3　水泵维护保养

2. 水泵维护保养（图 2-3）

（1）经常检查轴承油量，同时应注意水有否随轴流入滚珠盒（轴承架）内，如有则应及时采取措施消除。

（2）运行中应经常检查轴承的温升，一般不得高于周围温度 35℃，且最高不能超过 75℃，超过时应停车，检查原因，并予以消除。

（3）运行中注意功率是否突然增大或降低，流量、扬程是否突然减少，如有，应随时停车检查。

（4）运行中应经常注意检查各部分螺丝是否松动，如松动应随时紧固。

（5）运行中应注意填料的冷却情况，填料调整必须适当，不可太松，也不可太紧，必须保持液体能从压盖孔中一滴一滴连续漏出，填料太紧，轴易发热同时多消耗功率，填料太松，水泵中液体渗漏过多，降低效率，甚至在泵的低压区有透入空气的危险。

（6）运行中应注意泵的运转有无杂音及泵内是否有剧烈摩擦声和撞击声，如有应停车检查。如平面密封的泵盖与叶轮摩擦，应在泵盖与泵体之间加适当纸垫（要求间隙 0.4~0.7 mm）。

（8）运行中应检查进水管路有无漏气现象。

（9）水泵在冬季使用，当停车后应将泵内及管道内存水放尽，以防冻裂。

（10）水泵初期使用 100 小时后，应更换润滑油，以后每工作 500 小时更换一次。

（11）水泵工作满 1 000 小时，应详细拆卸检查易损零件的磨损情况，如长期停用，应将运转部分拆下，擦干涂以黄油，妥善保管。

二、潜水电泵机组

（一）机组架设

1. 安装前准备

（1）检查现场电源能否满足潜水电泵的启动、运行要求，主要是变压器容量、发电机额定输出功率。

（2）检查潜水电泵的额定扬程能否满足实际需要。

（3）用 500 V 兆欧表测量电机相间及相对地绝缘电阻是否符合要求。

（4）用万用表测量三相绕组的过热保护探头 WC、电机侧机械密封的渗漏浮球开关 XL 和水泵侧机械密封的油室内油水信号探头 YS，在正常情况下，其阻值 WC 为零，XL 和 YS 均为无穷大。

（5）检查电机电缆、信号电缆是否完好。

（6）检查盘转叶轮是否转动自如。

（7）检查控制柜内线路接头有无松动，零部件有无损坏，插件有无松动或脱落。

2. 安装

（1）为防止潜水电泵陷入淤泥中，潜水电泵应固定于安装轨道上。

（2）从电泵出水口开始连接铁皮管，铁皮管具体长度（节数）应使与软管连接处位于水位上方 0.5 m 以上，以便连接处漏水处理或更换软管。

（3）将电机电缆线、信号线拉直并固定在铁皮管正上方，防止安装过程中碰撞导致线路破损。

（4）将潜水电泵、安装轨道及出水管整体起吊放置于适当位置，电缆线不可用力拉动，更不可当作起吊用，以防止电缆和密封破坏。

（5）安装后再次测量潜水电泵相间及相对地绝缘电阻、保护信号阻值等是否符合要求。

（6）将软管拉至出水口，在软管末端安装法兰并固定。

（7）在适当位置放置控制柜，同时做好固定、防雨、防潮、防风、接地保护等。

（8）用 500 V 兆欧表测量电缆线各相之间、相与地之间绝缘电阻，其值应不小于 0.5 MΩ。

（9）将潜水电泵电缆、信号线连接至控制柜，根据电机启动方式正确接线。

（10）使用发电机组供电时，其电能质量及额定输出功率应满足潜水电泵要求。

（11）及时清除潜水电泵周围杂物，必要时进水池装设拦污栅（网）。

3. 出水口防冲

必要时，出水口处应进行防冲处理。可在出水池抛石防冲，坡面铺设彩条布、塑料布、防水土工布等进行防冲（图2-4）。

图2-4　潜水电泵出水口防冲

（二）机组运行

1. 开机前准备

（1）检查进、出水池附近有无捕鱼、游泳等闲杂人员。

（2）检查电泵进水池水面上有无杂物。

（3）检查所有开关是否均在"停"位置。

（4）检查电泵绕组绝缘阻值是否符合要求。

（5）检查电源电缆绝缘阻值是否符合要求。

（6）操作人员应穿绝缘鞋。

2. 开机运行

（1）启动电泵应由两人执行，一人操作一人监护。

（2）合上线路电源总开关给控制柜送电，用验电笔检测控制柜外壳是否带电，确认没有带电后再继续操作。

（3）合上控制柜内电源开关，电源指示应正常，电压应正常。

（4）将控制柜面板运行模式选择开关置于"手动"位置。

（5）按"运行"按钮，潜水电泵启动运行。

（6）若潜水电泵运转但不出水，应立即按下停止按钮，断开控制柜电源开关，必要时断开线路电源开关，查明原因并处理后再重新开机。

（7）潜水电泵启动运行后，应检查与观察5分钟，方可启动下一台，由于潜水电泵启动电流较大，多台电泵同时启动，容易导致发电机、变压器、电源电缆过载。

（8）观察电泵运行状况，如电压、电流是否正常，机泵是否异常振动，若不正常则应立即停机，排除故障后再开机。

（9）操作完毕应锁好控制柜门。

（10）做好电泵开机时间、开机人员、开机情况等记录。

（11）在作业现场设置隔离带和警示标志。

3.停机

（1）用验电笔检测控制柜外壳是否带电，确定不带电后才可操作。

（2）按下"停机"按钮，电泵停止运行。

（3）把选择开关置于"停"位置。

（4）断开控制柜内电源开关。

（5）断开线路电源总开关。

（6）做好电泵停机时间、停机人员、停机情况等记录。

（7）拆除潜水电泵电缆及信号线，拆除电源电缆。

（8）将潜水电泵、安装轨道、输水管道整体吊置于适当位置，拆除装车。

（三）维护保养

1.运行期间维护

做好潜水电泵运行期间的维护至关重要，是能否完成抢险任务的关键。

（1）潜水电泵刚开始运行时，要特别注意加强监视、检查，检查运行是否平稳，出水是否正常，有无振动等异常现象，电流表、电压表指示是否正常。

（2）机组运行30分钟后，要检查电缆是否过热，控制柜内有无焦糊味，电流表、电压表指示是否正常等。

（3）运行人员要加强值班巡视，应每隔2小时检查并记录潜水电泵的运行状态。检查控制柜有无故障指示；电流表、电压表读数是否正常；机组振动是否正常；进、出水池附近有无游泳、捕鱼等闲杂人员；水面是否有大量杂物；水位能否满足潜水电泵工作要求；潜水电泵出水流量是否正常等。

（4）运行人员应加强发电机组或电网到控制柜之间的电力电缆巡视，确保线路安全。

（5）若机组跳闸，要根据故障指示，正确判断跳闸原因，处理后方可重新启动。

（6）跳闸、停机后，再次开机之前必须测量电机绝缘电阻。

（7）潜水电泵"开""停"不可过于频繁，停机后如需再次启动，须待5分钟后方可进行。

（8）发生下列情况，必须停机检查：

①保护装置频繁跳闸；

②三相电源有缺相；

③工作电流超过额定电流20%；

④电源电压过高或过低（高于400 V或低于360 V）；

⑤电泵出水严重不匀，甚至间断出水；

⑥进水池动水位不能满足潜水电泵工作要求；

⑦出水管有明显振动。

2. 运行后维护（图2-5）

图 2-5　潜水电泵运行后维护

完成抢险任务后，潜水电泵拆除、运输至单位，应做好以下维护：

（1）将潜水电泵内、外清洗干净，检查机体、叶轮、拦污罩是否完好，否则应予以维修和更换。

（2）检查油室是否漏油，若漏油，需维修更换机械密封和机油。

（3）检查电机电缆及信号保护电缆是否完好，若有损坏，需检修更换。

（4）测量电机绝缘电阻是否符合要求，否则应对绕组进行处理。

（5）测量信号保护 WC、XL、YS 通断情况，正常情况下，WC 为短路状态，XL、YS 为断路状态。若 WC 为断路状态，有可能是线路断开，应检查更换线路，也可能是绕组过热保护探头损坏，可更换解决。若 XL 为通路状态，首先检查线路是否短路，若不是，则表示电机侧机械密封损坏，泄漏集积腔进水，渗漏浮球开关闭合，应排空积水，烘干绕组，更换机械密封。若 YS 为通路状态，首先检查线路是否短路，若不是，则表示水泵侧机械密封损坏，油室内进水，油水信号探头开关闭合，应更换机械密封和机油。

（6）潜水电泵正常运行半年后，应检查密封室密封情况和密封室的油是否呈乳化状态或有水沉淀，如有，应及时更换机械密封和机油。

（7）潜水电泵运行累计达一万小时应对其进行一次大保养。保养内容为：更换机械密封、更换机油、进行整机气压试验、进行其他机械的传动和电器设备正常保养、检查叶轮是否完好等。

（8）潜水电泵通过维护、试运行正常后，喷漆、编号入库。

3. 储存期间维护

对长期库存潜水电泵应做好以下维护：

（1）储存。潜水电泵必须水平放置在干净、干燥、无振动的房间里，必须防止潜水电泵受热、受潮湿。

（2）绝缘保护。应防止水汽从电缆端渗入电机降低绝缘，储存时应对电机电缆端进行密封。

（3）机械密封保护。每月必须将转子转动二圈以上，从而使摩擦副形成一层新的保护润滑膜，使机械密封动、静环不互相粘附。

（4）绝缘监测。每年汛前要对所有库存潜水电泵进行绝缘电阻测试，用 500V 兆欧表测量电机相间及相对地绝缘电阻值是否符合要求。

三、车载移动泵机组（图 2-6）

（一）机组架设

1. 就位

（1）将车辆停放在土质坚硬的作业位置。

（2）启动汽车发动机，使其处于空档怠速状态，踩下离合器，按下液压泵取力器按钮，松开离合器，发动机开始驱动液压泵工作。

（3）根据地面情况，用枕木支撑块放置于四只液压支撑腿下，操纵液压阀控制手柄，将液压支腿撑起，使车轮离地。观察水平仪，将整车固定平稳后关闭汽车发动机。

（4）打开车厢侧门及后门。

图 2-6　车载移动泵机组

（5）将车辆进行保护接地。

（6）打开车辆警示灯。

（7）若是黑天作业，则需打开车顶高杆照明灯。

2. 进出水管安装

（1）根据现场情况，确定进水管长度（节数），注意吸水高度不要超过水泵的额定吸水扬程。

（2）安装进水管时，应使用专用加力手柄将滤网装置、波纹管、水泵进水口依次连接好后，再将滤网端投入水中。

（3）安装出水管时，应先将软管与水泵出水口连接，再展开软管，根据输水距离续接软管至出水口，软管铺设应顺畅无拧结，在软管末端安装法兰并固定。多根出水软管并排铺设时，不可交叉和打结。

3. 出水口防冲

必要时，出水口处应进行防冲处理。可在出水池抛石防冲，坡面铺设彩条布、塑料布、防水土工布等进行防冲。

（二）机组运行

1. 开机前准备

（1）检查发电机组柴油机机油、柴油、冷却液是否充足。

（2）往复按压柴油机手油泵数次，排除输油管道、燃油滤清器、供油泵中的空气。

（3）检查发电机组启动电瓶，闭合电瓶刀闸。

（4）检查紧急停机旋钮是否复位。

2. 开机运行

（1）自动模式开机

①将发动机及水泵启动方式调为自动启动。

②打开启动钥匙，显示屏亮并自检。

③待显示"准备好"后，长按启动键，发动机启动。发动机启动成功后，通过控制面板检查相关运行技术参数。其中，蓄电池电压应在 25~27 V 之间，发电机组发电频率为 50 Hz，发电电压应在 380 V 左右，柴油机转速为 1 500 r/min，水温应在 85℃左右。

④待显示"运行"后，按"总电源通"，接通电源。

⑤用注水小潜水泵给自吸泵注水，接好水管，启动小潜水泵，看到有水从进水管流出后停止小潜水泵，关闭自吸泵注水阀门。

⑥用注水小潜水泵给真空泵注水，接好水管，启动小潜水泵，看到水箱水满后停止小潜水泵，关闭真空泵注水阀门。

⑦按"一键启动"，自动启动真空泵和自吸泵，待自吸泵出水，真空泵停机，机组正常运行。

（2）手动模式开机

①将发动机及水泵启动方式调为手动启动。

②将转速调为怠速。

③打开启动钥匙，显示屏亮并自检。

④待显示"准备好"后，顺时针旋转启动钥匙，发动机怠速启动。

⑤等怠速运行数分钟稳定后，将转换开关转至高速档。

⑥待显示"运行"后，按"总电源通"，接通电源。

⑦用注水小潜水泵给自吸泵注水，接好水管，启动小潜水泵，看到有水从进水管流出后停止小潜水泵，关闭自吸泵注水阀门。

⑧用注水小潜水泵给真空泵注水，接好水管，启动小潜水泵，看到水箱水满后停止小潜水泵，关闭真空泵注水阀门。

⑨按"真空泵启动"，启动真空泵。

⑩当真空泵压力达到 0.04 MPa 时，按"自吸泵启动"。

⑪自吸泵出水后，按"真空泵停止"，真空泵停止工作，机组正常运行。

（3）机组运行

车载移动泵机组在正常运行期间，应做好日常运行管理工作。

①应在车辆周围设置警示隔离装置。

②加强值班，做好机组运行记录，发现问题立即停机。发电机组运行状态信息可通过控制面板显示屏查看，电瓶电压应在 25~27 V 之间，发电机组发电频率为 50 Hz，柴油机转速为 1 500 r/min，工作电压应在 380 V 左右，水温应在 85℃左右等。

③定期检查燃油、机油、冷却液是否充足，及时进行添加。

④检查进水池水位是否过低，水面是否有大量杂物。

⑤检查出水口防冲措施是否完好。

3. 停机

（1）自动模式停机

①按"一键停止"，停止自吸泵。

②按"总电源断"，断开电源。

③长按停机键，发动机自动停机。

④待显示"准备好"后，关闭启动钥匙。

（2）手动模式停机

①按"自吸泵停止"，自吸泵停止作业。

②按"总电源断"，断开电源。

③将转速调为怠速运行数分钟后逆时针旋转钥匙关闭发动机。

（3）紧急停机

出现下列重大故障或紧急情况时应执行紧急停机操作：如发电机组电流、电压、机温等严重超标；柴油机管路破裂；发电机组发出急剧异常的震动或敲击声；观察到可能发生危害到机组或操作人员安全的火灾、漏电或其他自然灾害等突发情况。

应通过按下发电机组控制面板上的紧急停机按钮，或切断发电机组柴油机供油，来实现发动机的快速停机。停机后，应根据故障现象，逐一对水泵、发电机组进行故障排查和检修。

（4）车载移动泵机组撤离

①停机。

②拆除进出水管。

③拆除保护接地装置。

④拆除警示隔离装置。

⑤收回液压支腿。

⑥关闭车辆警示灯。

⑦关闭车厢侧门及后门。

⑧关闭收回车顶高杆照明灯（若为黑天时）。

⑨驾驶车辆撤离。

（三）维护保养

1. 车辆底盘保养

（1）车辆首保：行驶 3 000 km 后进行。

（2）空气滤清器的保养：每行驶 10 000 km 或空滤阻塞指示灯亮时，需保养滤芯。一般只能清洁主滤芯，安全滤芯不能保养只能更换。每行驶 30 000 km 后或当主滤芯清洁保养五次以上时，内外滤芯必须同时更换。

（3）燃油滤清器的保养：每行驶 20 000 km 更换一次。

（4）变速器油检查、更换：初次检查为首次行驶 15 00~2 500 km，正常检查周期为每行驶 5 000 km，正常更换周期为每行驶 25 000 km。

（5）动力转向液压油的检查与更换：检查周期为每行驶 5 000 km，首次更换为首次行驶 5 000 km，更换周期为每行驶 20 000 km。

（6）车辆底盘保养，具体请参照各车辆底盘的维护保养手册。

2. 发电机组保养

（1）发动机保养

①每次开机前检查：润滑油油位、冷却液液位、散热器与外部通风情况、发动机传动皮带组情况、燃油供油情况等。长时间使用机组每 6 ~ 8 小时应检查一次。

②新机组运行 50 小时或 3 个月内（磨合期）：必须更换润滑油和润滑油滤清器，检查启动电瓶电解液位，排放油水分离器中的积水。

③每运行 200 小时或 6 个月内：更换润滑油和润滑油滤清器，更换柴油滤清器，更换水滤清器，更换空气滤清器。

④每运行 400 小时：检查并调整传动皮带，必要时更换；检查清洗散热器芯片；排放燃油箱内淤积物。

⑤每运行 800 小时：更换油水分离器；检查涡轮增压器是否泄漏；检查进水管道有无泄漏；检查并清洗燃油管道；调整气门间隙；更换空气滤清器；必要时可更换冷却液；检查水箱散热片及水套是否堵塞，必要时清洗畅通。

⑥每运行 1 200 小时：检查喷油器，彻底检查清洗涡轮增压器，全面检查

发动机。

（2）发电机保养

交流发电机的内外部都应定期清洁，而清洁的频率则要视机组所在地的环境。当需要清洁时，可按下列步骤进行：将所有电源断开，把外表所有的灰尘、污物、油渍、水或任何液体擦掉，通风网叶要清洁干净，因为这些东西进入线圈，就会使线圈过热或破坏绝缘。灰尘和污物最好用吸尘器吸掉，不要用吹气或高压喷水来清洁。

3. 水泵保养

（1）经常检查泵底座、泵盖等连接部位的紧固件是否有松动，如有松动应紧固。

（2）用手盘动电机风叶，检查是否有卡住或异响等现象。

（3）长时间不用需要放出泵内的存水。

（4）经常检查泵体内是否有沉积淤泥等异物。

（5）启动水泵前先检查热保护是否动作。

（6）水泵注意事项

①避免在开启时长时间空转，泵需要液体冷却。

②不要在无人监视的情况下让泵连接软管工作。

③保证出水管无急弯、绕圈、打结。

④中间隔离腔上方的小孔不能堵塞，堵死可能会损坏齿轮和轴承。

⑤每次开启泵前都要检查润滑液液位，润滑液定期更换。

4. 水管保养

（1）抽水水管存放时尽量水平放置，不得折急弯、挤压；不得与尖锐物同时存放，以防刺伤管壁。

（2）经常检查接头处的密封情况，如卡箍螺栓松动需紧固。

（3）水管接头处密封胶涂抹均匀，经常检查是否脱落。

5. 注意事项

（1）油箱防冻

底盘柴油箱和发电机组柴油箱，季节交替时需要及时更换不同型号柴油，以防冻裂油箱。

（2）柴油机注意事项

①启动前确保油箱内柴油量充足，每日首次启动要检查冷却液液面、机油标尺，并对油水分离器放水。

②启动前要中低速运转，避免高速大负荷运转；启动预热运行时，应逐渐提高发动机转速，禁止大油门运转发动机。

③发动机启动后，在 15 秒内注意观察机油压力的变化；避免在冷却液低于60℃或高于 100℃的情况下连续运转发动机，应尽快查找原因；禁止在机油压力过低时运转发动机。在正常水温下，最小机油压力不能低于以下数值：怠速（750~800 r/min）为 69 kPa，全速全负荷为 207 kPa。

④经常观察机油温度表、机油压力表、水温表的工作状态，检查机油、冷却液液位。

（3）每日检查油箱中的液压油液面高度，使其保持在上下两红色刻线之间；定期更换液压油（初次开始使用后 80 小时，正常使用时至少每年更换一次）；建议夏季用 YB–N46 抗磨液压油，冬季用 YB–N32 抗磨液压油。定期更换空气滤清器及回油滤清器，至少每年两次。液压油的油温切勿超过 80℃。

（4）车辆到达抢险地点后，必须首先撑起液压支腿，之后方可进行其他操作；液压支腿未收起前，严禁移动车辆。

（5）在挂取力器前，必须保证汽车有足够的燃料，以避免工作过程中的动力中断，同时检查遥控器电池是否有电。

（6）取力器连接蜂鸣器报警时，勿挪动车辆。

（7）泵车在长期放置不用时，务必将自吸泵及真空泵内的水全部放空，以防冬季泵体内水结冰，将泵体冻裂。

（8）在使用外接电缆时，需将电缆从电缆卷盘上全部放出后，方可使用，以防产生电感发热损坏电缆。

（9）汽车启动蓄电池、柴油发电机组启动蓄电池在长期停用时，应定期对电池进行充电，充电周期一般 20 天左右，每次充电 10~12 小时。

（10）检查汽车各轮胎胎压，确保胎压正常。

四、船载移动泵机组（图 2–7）

（一）机组架设

1. 就位

（1）船载移动泵机组通过自身动力行驶或由其他动力拖行至抢险现场，航行条件应达到能见度 50 m，风力小于 6 级。

（2）航行过程中注意自身安全和对其他船只的影响。

图 2-7 船载移动泵机组

（3）船只接近作业地点时应减速慢行，避免船舶撞击堤岸，停机后人工调整船体位置，应在便于支撑出水管处就位并固定船只。

2. 出水管安装

（1）应于支撑可靠的位置架设出水管。

（2）出水管架设高度应在水泵扬程范围内。

（3）出水管道较长时，应对出水管进行支撑，在出水管下方每 4 m 加一个支撑。

3. 出水口防冲

必要时，出水口处应进行防冲处理。可在出水池抛石防冲，坡面铺设彩条布、塑料布、防水土工布等进行防冲。

（二）机组运行

1. 开机前准备

（1）检查船体是否有损坏。

（2）检查柴油机与水泵安装是否有松动。

（3）检查传动皮带松紧度是否合适。

（4）检查柴油机燃油、机油、冷却水是否充足。

2. 开机运行

（1）检查完毕，按照柴油机泵机组操作程序启动柴油机进行抽水作业。

（2）机组运行过程中，应时刻关注机泵运行状态及河水涨落情况，保持船只稳固，出水管支撑可靠，观察柴油机工作温度，及时添加冷却水、燃油、机油。

（3）禁止非运行人员进入船舱。

（4）船只应配足灭火与救生器材，并定期检查。

（5）油料舱内严禁烟火。

（6）船舶吨位应满足机组、人员、出水管等的载重要求。

3. 停机

（1）按照柴油机泵机组柴油机泵停机程序，停止机组运行。

（2）拆除出水管道，码放整齐。

（3）调整船体位置起航返程。

（三）维护保养

1. 柴油机及水泵维护保养

柴油机及水泵的维护保养同柴油机泵机组。

2. 船体的维护保养

（1）每次作业后，应及时清理船体，保持船体干净整洁。

（2）水管等物资安放在船体的规定位置，不影响人员在船上的行走。

（3）及时修补船体的破损，检查船舱是否漏水等。

（4）应及时去除船体上的锈迹，并给船体生锈的部位重新刷油漆。

五、变频泵机组（图2-8）

（一）机组架设

1. 架设前检查

（1）变频泵外壳体是否完好无破裂。

图 2-8　变频泵机组

（2）变频泵电缆是否完好无破损。

（3）变频泵叶轮处是否有缠绕物，是否转动自如。

（4）变频泵电机绝缘阻值是否符合要求。

（5）变频泵滤网是否完好。

（6）变频泵额定扬程能否满足现场实际需要。

（7）抽排介质是否满足变频泵要求。

（8）现场电源（电网或发电机组）能否满足变频泵工作要求。

（9）若是发电机组供电，检查发动机润滑油、燃油、冷却液是否充足。

2. 机组架设

（1）将排水软管与变频泵出水口进行紧固连接。

（2）应根据抢险现场进水池实际情况放置变频泵，可水平、倾斜或垂直放置。若进水池较深，则在变频泵上固定浮圈，将变频泵悬浮在水中。

（3）在变频泵上系上固定绳索，将变频泵及浮圈整体放置于进水池，再将绳索系于岸桩上，以防变频泵跑离岸边。在安装过程中，要保证变频泵完全淹没于水中，变频泵不能碰撞坚硬物，电机电缆不能受挤压，严禁把电机电缆当作绳索提起变频泵，电缆头不能进水。

（4）连接排水软管至出水口，接头应紧固，排水软管应顺畅无折叠、无拧结、无交叉，软管末端应安装法兰并固定。

（5）必要时，出水口处应进行防冲处理。可在出水池抛石防冲，坡面铺设彩条布、塑料布、防水土工布等进行防冲。

（6）在适当位置放置变频泵控制柜，同时做好固定、防雨、防潮、防风、接地保护等措施。

（7）将变频泵电缆插头插入控制柜插座，拧紧旋盖。如需使用延长电缆连接变频泵电缆，应保证连接牢固、紧密，拧紧旋盖防水防松动。

（二）机组运行

1. 开机前准备

（1）变频泵电缆应完好无破损。

（2）用 500 V 兆欧表检查变频泵绕组相间及相对地绝缘是否符合要求。

（3）检查变频泵电缆插头与控制柜插座连接是否紧固。

（4）检查排水软管接头是否紧固，软管是否顺畅。

（5）检查出水口防冲措施是否完好。

2. 开机运行

（1）启动变频泵应由两人执行，一人操作一人监护。

（2）合上线路电源总开关给控制柜送电，用验电笔检测控制柜外壳是否带电，确认没有带电后再操作。

（3）合上控制柜内电源开关，电源指示应正常，电压应正常。

（4）将控制柜面板上的"停车－启动"旋钮旋至"启动"一侧，则运行绿色指示灯亮。

（5）将控制柜面板上的"减速－增速"旋钮旋至"增速"一侧按住不放，同时观察显示屏上的频率及转速参数变化，当出水流量达到需要值时则松开此旋钮，变频泵开始排水作业。

（6）值班运行人员应加强以下巡视：

①出水口防冲措施是否完好，若损坏应立即停机进行处理；

②排水软管末端是否固定牢固，若发现松动或甩头，应立即停机进行固定；

③进水池水位是否符合变频泵运行要求，若发现水位过低，不能完全淹没变频泵，则立即停机；

④若是发电机组供电，注意检查发电机组润滑油、燃油、冷却液是否充足，不足时及时停机进行添加。

⑤进水池有无大量杂物，如有则及时停机进行清理。

⑥变频泵出水流量是否正常，若发现流量减小，可能是滤网被杂物堵塞，叶轮被缠绕，应立即停机进行清理。

3. 停机

（1）将变频泵控制柜面板上的"减速－增速"旋钮旋至"减速"一侧按住不放，待出水流量减小后，将"停车－启动"旋钮旋至"停车"一侧，变频泵停止运行，断开控制柜内断路器。

（2）拔出变频泵电缆插头。

（3）断开控制柜电源线路，拆除控制柜供电电缆。

（4）将变频泵提出水面，放置于适当位置，拆除软管，清除滤网处垃圾和叶轮处缠绕物。

（5）将变频泵、控制柜、输水软管、浮圈等装车返程。

（三）维护保养

1. 当运行过程中发现流量减小时，应及时停机清理水泵滤网及水泵叶轮处的缠绕物。

2.变频泵应由专人管理与使用，并定期检查水泵绕组与机壳之间的绝缘电阻是否正常，电缆是否完好无破损，滤网固定螺丝有无松动等。

3.每次使用时，特别是用于较黏稠的污水后，应将水泵拉出水面，用水枪将进水口、出水口外部结块状物及沙粒清理干净，再放入清水中运转5~10分钟，将流道中的泥沙、泥浆冲出泵体。每次使用后，必须重复上述工作。如果不是每天都使用，需要将水泵拉出水面，以免浸泡在污泥中结块，再次启动时烧毁电机。长期不用必须拉出水面，以减少电机定子绕组受潮几率，增加其使用寿命，严禁用潜水泵清理池底沉淀泥浆类物质。

4.常规状态下水泵每使用300~500小时后，应在泵体中部位置的油室加注或者更换指定机油，确保机械密封保持良好润滑状态，提高机械密封的寿命。

5.水泵拆卸、维修后，机壳组件必须经过0.2MPa气密性检验，以确保电机组件、机壳组件的密封性。

第三节　典型故障排除

一、柴油机典型故障排除

（一）柴油机启动困难

1.燃油箱内无油或油箱开关未打开：向燃油箱加入燃油，打开燃油箱开关。

2.燃油管路或滤清器堵塞：拆下油管和滤清器进行清洗或更换滤芯。

3.燃油系统中有空气：排除燃油系统中的空气，拧紧油管连接处。

4.喷油泵不供油或供油时间不对：检查输油泵、喷油泵，调整供油提前角。

5.喷油器不喷油或雾化不良：清洗与研磨喷油器偶件，调整喷油压力。

6.气温太低、柴油机过冷：加热冷却水，改用HCA-8号机油，使用预热启动。

7.气缸压缩压力不足：查找原因排除。

8.启动机不转动或无力：蓄电池无电或电量不足，应进行充电。

（二）气缸压缩压力不足

1.气门间隙过小或没有：调整气门间隙。

2.气门座和气门积炭、研磨、密封不严：消除积炭并研磨气门和气门座，必要时还需铣铰研磨气门座。

3.活塞环磨损，弹力不足：更换活塞环。

4. 活塞环被积炭胶结卡死：在煤油中清洗。

5. 缸套和活塞磨损，间隙过大：更换缸套和活塞，或镗缸、配加大活塞。

6. 气缸盖垫片密封不严：拧紧气缸盖螺母或更换气缸盖垫片。

7. 喷油器孔处漏气：检查铜垫圈，重新安装喷油器。

8. 气门弹簧折断：更换气门弹簧。

9. 气门与气门导管胶住卡死：在煤油中清洗，如磨损或变形则须更换。

（三）柴油机突然停车

1. 油箱中柴油用尽：向油箱中加满柴油。

2. 燃油系统中进入空气和水分：排除油路系统中的空气，把油箱中沉淀的水放出，更换柴油。

3. 燃油滤清器堵塞：清洗燃油滤清器或更换滤芯。

4. 空气滤清器堵塞：更换滤芯。

5. 活塞在气缸中咬死：检修、更换活塞和汽缸盖。

（四）柴油机飞车

1. 调速器失灵：立即停车，拆下喷油泵或调速器，检修调速器。

2. 喷油泵拉杆卡死：立即停车，检修喷油泵。

3. 拉杆卡簧脱落：立即停车检查，重新安装。

（五）柴油机有敲击声

1. 燃烧粗暴，气缸有清脆的敲击声：调整供油提前角。

2. 燃烧迟缓，排气管"放炮"：调整供油提前角。

3. 活塞和缸套间隙增大，发出暗哑的敲击声，有时像铲击声：若断缸 3~5 秒，声音变弱，即证实。应停车拆检修理，更换活塞、缸套。

4. 曲轴与主轴承间隙增大，发出周期性的沉重撞击声：在主轴承座附近听诊，断缸后很少变化；而全负荷工作时声音最显著，则停车拆检修理，更换主轴瓦止推片。

5. 曲轴连杆轴颈与轴承间隙增大，发出钝哑的撞击声：在靠近主轴承座附近听诊，低速时依缸号逐一听诊。停车拆检修理，更换连杆轴瓦。

6. 活塞销与连杆衬套间隙过大，发出"当当"的声音，声调强而尖锐：在机体左侧上部听诊，转速与负荷增大时，响声强而有力，断缸后声音变弱。应停车拆检修理，更换连杆衬套。

7. 气门间隙过大，发出"哒哒"声音：在缸盖靠近气门的一侧，声音连续不断，不因断缸而变化，应停车，调整气门间隙。

8.气门与活塞顶撞击而发出清脆的撞击声：在喷油器附近听诊，并检查有无震动，检查气门间隙和配气相位。

（六）排气管冒黑烟

1.柴油机超负荷工作，燃烧不充分：应减少负荷。

2.喷油泵油量过大或不均匀：调整喷油泵及调速器。

3.喷油器喷油压力过低，雾化不良：调整喷油压力。

4.喷油过迟，排气管中燃烧：调整供油提前角。

5.空气滤清器堵塞，进气不畅：清除滤清器滤芯上的灰尘或更换滤芯。

6.使用重质柴油或柴油质量差：使用合格的柴油。

（七）柴油机水温过高

1.水泵风扇皮带太松，水量减少：调整皮带松紧度或更换皮带。

2.柴油机超负荷工作时间太长：降低负荷。

3.冷却水不足：加满冷却水。

4.水泵泵水不足，循环水量减少：检查叶轮与泵体间间隙，不符合规定时更换新的叶轮。

5.水泵叶轮损坏：更换水泵叶轮。

6.冷却系统堵塞：清洗冷却系统。

7.节温器失灵：更换节温器。

8.水温表失灵：更换水温表。

9.润滑不良，机油温度升高：检查润滑系统或清洗润滑油路。

（八）机油压力过低

1.油底壳中机油不足：用机油标尺测量，加到上刻线。

2.机油压力表失灵：更换机油压力表。

3.机油油道堵塞：清洗油路，并用压缩空气吹净。

4.机油泵滤网堵塞：拆下滤网，用柴油清洗。

5.机油滤清器堵塞，安全阀失灵：清洗滤清器或更换滤芯，必要时按规定调整安全阀。

6.柴油机主轴承和连杆轴承磨损，间隙增大：检修或更换主轴承和连杆轴承。

7.柴油机过热，机油温度高，机油变稀：减小负荷，更换机油，降低机油温度。

8.机油泵转子的端面间隙或径向间隙过大：用纸垫片调整端面间隙或更换内

外转子。

（九）机油消耗过多

1. 油环被积炭胶结或磨损后间隙增大，失去刮油作用：清洗油环，如磨损过大，则须更换新油环。

2. 油环回油孔被积炭堵塞：清除回油孔的积炭。

3. 加入机油过多，机油飞溅过多，有部分进入燃烧室燃烧，排气管有蓝烟：放出部分机油，机油容量不超过机油标尺的上刻线。

4. 油路接头或衬垫处漏油：拧紧油路接头，更换衬垫。

（十）机油稀释老化

1. 气缸套的水封圈损坏，水漏进油底壳：拆卸缸套，更换水封圈，重新装好。

2. 活塞环被积炭胶结或磨损过大，窜气或柴油漏进油底壳：清洗活塞环，必要时更换。

3. 汽缸盖垫片漏水：检查或更换汽缸盖垫片。

4. 汽缸盖有裂缝或松动，有漏水或渗漏现象：更换汽缸盖。

二、水泵典型故障排除

（一）水泵不出水

1. 引水不够或真空泵未将泵内空气抽尽：继续加灌或抽气。

2. 进水管路漏气：检查并堵塞。

3. 水泵转速太低：用转速表检查予以调整。

4. 吸程太高：降低水泵安装位置，减小吸程。

5. 水泵回转方向不对：改变回转方向。

6. 输水总高程超过规定：减少输水高度。

（二）水泵启动后只出少量水或停止出水

1. 水中有过多气泡：检查进水管末端是否在水面下 1 m 左右。

2. 吸水管中窝储空气：排除空气。

3. 吸水管或连接处垫料不严密，有漏气现象：拧紧螺栓，调整垫料，堵塞缝隙。

4. 进水管路或叶轮被水草杂物堵塞：清除水草杂物。

（三）水泵出水量不足

1. 进水管路或叶轮有水草等杂物：清除水草等杂物。

2. 转速不够：调整转速。

3. 输水高度过高：降低输水高度。

4. 泵盖及叶轮磨损间隙过大：修复泵盖，必要时更换叶轮。

5. 填料漏气：压紧填料或更换新的。

6. 功率不足：加大功率。

7. 进水管口淹没深度不够：增加淹没深度。

（四）水泵杂声和震动

1. 轴中心没有对正：找正。

2. 轴弯曲，轴承磨损过大：校正或更换。

3. 叶轮平衡性差：进行静平衡试验并调整。

4. 底脚螺栓松动：旋紧螺栓。

5. 装置不当：检查机组。

6. 叶轮堵塞：清除杂物。

7. 吸程太高，发生气蚀现象：降低水泵安装位置。

8. 泵内掉进杂物：清除杂物。

（五）轴承发热

1. 润滑油量不足：加油。

2. 润滑油质量不好或不清洁：用煤油或汽油清洗轴承，更换合适的润滑油。

3. 轴中心没有对正：找正。

4. 轴承装配不正确或间隙不适当：修正。

5. 轴承磨损或松动：修理或更换轴承。

6. 皮带太紧：适当放松皮带。

（六）填料发热

1. 填料压得太紧及四周紧密度不均：旋松压盖螺栓，调整填料紧密度。

2. 填料压得偏斜，致使轴套摩擦不均匀：松开压盖，重新均匀地上紧。

（七）填料处漏水太多

1. 填料压得太松：上紧压盖至适当程度。

2. 填料装置不好：调整填料搭口，使之错开一定的角度。

3. 填料大小不一或磨损过多：更换填料。

4. 填料质量差，密封性不好：更换成合格填料。

5. 轴套磨损太多：更换轴套。

三、潜水电泵机组典型故障排除

（一）控制系统故障排除

1. 电源指示灯不亮

（1）无三相电源：检查三相电源。

（2）保险丝断：更换。

（3）指示灯坏：更换。

（4）柜内断路器未合：合上。

2. 缺相指示

（1）电源缺相：检查三相电源。

（2）电泵缺相：检查水泵电机绕组。

（3）接触器触头坏：更换。

（4）保护器坏：更换。

3. 过载指示

（1）三相电源电压太低：检查三相电源。

（2）水泵叶轮受堵超负荷：清理。

（3）保护器坏：更换。

4. 水泵故障指示（超温、湿度、泄漏）

（1）接线错误：正确接线。

（2）水泵故障：检查水泵保护信号。

（3）保护器坏：更换。

（二）潜水电泵故障排除

1. 泵不出水

（1）转动方向不对：调相。

（2）叶轮固定失灵：检查、紧固叶轮。

2. 间断出水或流量不足

（1）叶轮损坏或堵塞：更换或清理。

（2）进水口拦污罩堵塞：清理。

（3）泵进水口深度不够或露出水面：增加泵淹没深度。

（4）输水管严重泄漏：修换水管。

（5）装置扬程高于泵额定扬程：降低扬程或重新选泵型。

3.泵运行不稳定，有异常噪音，振动较大

（1）泵轴弯曲：更换

（2）叶轮损坏或不平衡：更换。

（3）轴承损坏或缺油：更换或加油。

（4）紧固螺栓松动：紧固螺栓。

（5）叶轮或拦污栅上绕有杂物：清除杂物。

（6）叶轮淹没深度不够：增加泵淹没深度。

4.电流过大、过载，超温保护动作，即 WC 指示灯亮

（1）电源电压过低：检查电源电压。

（2）叶轮或拦污罩堵塞：清除杂物。

（3）实际使用扬程偏高：降低扬程或重新选泵。

（4）轴承损坏：更换轴承。

5.绝缘电阻偏低

（1）电缆破损进水：更换电缆。

（2）机械密封磨损或没装好：更换机封、烘干电机。

（3）各 O 形圈失效进水：更换 O 形圈，烘干电机。

（4）堵头螺钉松动或密封圈损坏：更换堵头密封，烘干电机。

6.泄漏保护动作，即 XL 指示灯亮

（1）电机侧机械密封损坏：更换机封。

（2）堵头松动进水：更换堵头密封，烘干电机。

（3）各 O 形圈失效进水：更换 O 形圈，烘干电机。

7.湿度指示灯亮，即 YS 指示灯亮

水泵侧机械密封有故障，油室进水。更换机封、机油。

四、车载移动泵机组典型故障排除

（一）发电机组典型故障排除

1.发电机组无法启动

正常情况下，机组在自动启动模式下会有三次启动，三次启动不成功则会报警。若无法启动，则应做如下检查：

（1）检查电瓶电量是否充足，不足则给电瓶充电；

（2）检查油路是否进气，若进气则排除油路空气；

（3）检查燃油、润滑油、冷却液是否充足，不足则给予补充。

2. 发电机组启动几分钟后自动停机

可能因机组长时间运转或停放时间过长，进油不畅所致：使用手油泵泵油至管路内充满柴油后再次启动即可。

（二）自吸泵典型故障排除

1. 自吸泵无法启动

（1）连续频繁启动，两次启动间隔时间没达到4分钟：过4分钟以后再重新启动，或关闭总电源再次供电。

（2）自吸泵热保护跳闸：将热保护重新设置。

（3）软启动不成功，旁路接触器不吸合：①水泵内异物卡死，需拆除底部盖板，检查是否有异物并清除。②水泵长时间不用锈死，打开叶轮保护罩，用榔头向泵头方向敲击叶轮轴，使泵体与叶轮之间松动，再转动叶轮；拆除叶轮，用管子钳在叶轮轴处旋转，直到转动为止，再安装叶轮，启动；以上两种方法都不行时，需采购除锈剂浸泡泵壳内，浸泡时间约30分钟。

2. 自吸泵不出水

（1）吸水管管路有泄漏：检查管路，将泄漏处堵住。

（2）抽真空球阀未关闭导致抽水管漏气：关闭抽真空球阀。

（3）自吸泵内未注水：给自吸泵注水。

（4）抽送介质密度过大或黏度过高：用水冲稀降低浓度或降低黏度。

（5）扬程过高：降低扬程。

3. 自吸泵出水不足

（1）吸水管堵塞或漏气：清除堵塞物，查出漏气处并堵塞。

（2）叶轮磨损严重：更换叶轮。

（3）功率不足转速太低：调整至额定转速。

（三）真空泵典型故障排除

1. 无法抽真空

（1）常见问题是管路内有漏气的地方，导致真空度不够，甚至无法形成真空度。应检查出漏气处，并排除。

（2）长时间频繁启动真空泵，会导致水箱内的水温升高，导致真空度不够。应将热水放出，加注冷水后再次启用。

2. 水箱内水被抽空

水箱内水经常不翼而飞，原因是在达到真空度启动主泵后，单项阀损坏或者电磁阀烧坏，导致水箱内的水被主泵抽走。要注意及时观察水箱情况。

3.真空泵不转或热保护频繁动作

因真空泵是水循环泵，长时间不使用（特别是将里面的水放空的情况下），泵腔与叶轮之间会生锈，导致启动时不转或热保护动作。可采取以下措施：

（1）打开叶轮保护罩，用榔头向泵头方向敲击叶轮轴，使泵体与叶轮之间松动，再转动叶轮；

（2）拆除叶轮，用管子钳在叶轮轴处旋转，直到转动为止，再安装叶轮，启动；

（3）以上两种方法都不行时，需采购除锈剂浸泡泵壳内，浸泡时间约30分钟。

五、变频泵机组典型故障排除

（一）控制系统故障排除

1.当按下电源启动按钮时，准备就绪指示灯不亮

（1）检查控制按钮是否已位于停止位。

（2）检查按钮开关的运作是否良好接触。

（3）检查箱内断路开关是否闭合。

（4）检查启动继电器是否良好。

2.变频器运转，但变频泵不运作

（1）检查电缆接头，确保接线正确。

（2）检查频率是否达到启动要求。

（3）检查变频泵是否被异物阻塞，如有，请立即停机清除。

3.变频故障报警/停机

（1）检查排水单元是否过载。

（2）检查电压是否缺相。

（3）检查变频泵是否异物卡死。

（4）检查变频泵线路是否断路。

（二）变频泵故障排除

1.变频泵无法正常启动

（1）缺相：检查线路。

（2）叶轮卡住：清除杂物。

（3）绕组接头或电缆断路：恢复。

（4）电机定子绕组进水：烘干。

（5）电机进水烧毁：更换电机。

2. 泵启动不出水

（1）三相电线接错，导致电机反转：进行调相。

（2）管道、叶轮堵塞：清除杂物、去除凝结块。

3. 泵出水不足

（1）转速不足：检查变频器参数。

（2）扬程过高：降低扬程或更换高扬程泵。

（3）抽送介质密度、稠度过大：降低介质密度、加水稀释。

（4）密封圈损坏：更换。

（5）管路阻力大：减少弯头、弯路数量，保持畅通。

4. 电流过大

（1）工作电压低：调整电压。

（2）管道、叶轮堵塞：清理堵塞物。

（3）介质密度大：改变介质浓度。

（4）产生机械摩擦：进行维修调节。

5. 绝缘电阻低

（1）电缆线与电源接线端漏电：烘干。

（2）电缆线破损：更换。

（3）机械密封破损渗漏：更换。

（4）O型密封圈失效：更换。

6. 运行不稳定、杂音、震动加大

（1）叶轮、轴承磨损：更换。

（2）轴弯曲：更换。

第四节　技术创新应用

一、设备更新

（一）柴油机泵更新

目前，岸基移动泵机组柴油机泵安装是将柴油机与水泵固定在同一底座上，机与泵采用皮带传动，效率低；机泵长时间运行，皮带易松动、断裂，需停机调整、更换；水泵为离心泵，机组启动时，离心泵需要抽真空或灌水，每次启动耗时费力。

引用新型柴油机泵可大大提高装机速度。柴油机与水泵轴联，水泵选用无堵塞自吸排污泵，效率高，运行稳定，水泵启动时不需要抽真空或大量灌水，只需少量引水，30秒左右即可出水；机泵组装采用框架式，可整体吊装或叉铲；进水管采用透明钢丝波纹软管，出水管采用软管，进、出水管均采用快速接头；柴油机自带水箱、油箱、启动器；采用智能控制柜、液晶面板、中文界面，可手动和自动控制机组启停，实时监控柴油机的运行情况，具有超速、高水温、高油压报警自动停机的功能（图2-9）。

图 2-9　新型柴油机泵

（二）潜水电泵更新

目前，大多数防洪抢险潜水电泵进出水口径都是300 mm或350 mm，流量为750~1 200 m³/h，设备较大、较重，安装现场需要有吊装机械；安装时，要预先整理安装场地，把潜水电泵吊起、放置、固定到安装轨道上，接上合适长度输水管道（铁皮管），再整体吊置水下，安装输水管道，耗时费力。

引用新型节能便携式轻型防洪抢险泵，可大大提高装机速度。该型潜水电泵出水口径为200 mm，额定流量为300 m³/h，额定扬程为10 m，泵体材质为铝合金，泵体重量约30 kg，一个人就可以拎起，安装不需要吊装机械，是同等流量扬程传统潜水电泵重量的1/10；水泵体积小，外形只有同等流量扬程传统潜水电泵的1/2，可直接挂在救生圈或车胎等浮体上抽水；该泵还可以与移动抢险车进行配套；

功率约为 15 kW，环保节能；电机为高性能永磁变频电机，采用变频器控制，转速可调，启动运行平稳；无需做任何土建工程，直接把水泵放入水中作业；水泵与排水软管及管道之间均采用快速接头（图 2-10）。

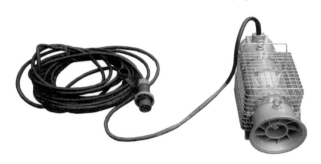

图 2-10　新型节能便携式轻型防洪抢险泵

（三）管道更新

选用新型优质输水管道，耐磨、耐压、耐刺、质轻，管道之间采用快速接头，有防松保险装置，密封性能良好。进水管长度设 6 m 和 4 m 等规格，根据需要选用连接，末端装设拦污网。一是消除了铁皮水管易锈蚀、易变形、质量重等问题；二是管道单节长度是铁皮水管的 3~4 倍，也就提高了接管速度 3~4 倍；三是采用快速接头，比传统法兰接头速度提高 10 倍以上（图 2-11）。

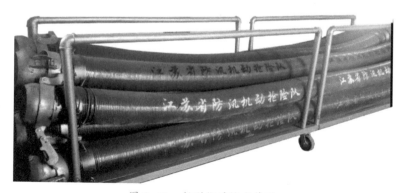

图 2-11　新型优质输水管道

二、技术革新

（一）防汛软管收集装置

目前，相较于 1 m 或 2 m 一节的铁皮管，水带作为一种轻便、方向可任意调节的出水管道在抗旱排涝上得到了广泛应用。但是，现行的水带人工收集方式费时费力，严重影响了防汛救灾的效率。为了克服上述问题，江苏省骆运水利工程管理处研制的防汛软管收集装置，能方便快捷地收集水带，有效提高抢险救灾效率。

本装置是利用排水泵自身动力源作为动力带动旋转电机，拖动旋转水带收集架。该电机由启动、停止按钮控制开停，由变频器通过旋钮实现收集速度控制。该装置可单独成套制作成小车式，也可焊接固定在车载排水泵出水口处，随车使用（图 2-12）。

图 2-12　防汛软管收集装置

（二）防汛铁皮管收集装置

目前，防汛铁皮管主要用于离心泵及混流泵的进、出水管，多介于 1 m 至 2 m 之间，作为一种常用输水管道在抗旱排涝上得到了广泛应用。但是，现行的铁皮管人工装卸车、码放费时费力且不安全，严重影响了抢险救灾效率。为了克服上述问题，江苏省骆运水利工程管理处研制的铁皮管集中装置能方便快捷装卸车、码放铁皮管，有效提高抢险救灾效率。

本装置利用机械设备代替人工，大大减轻了劳动量，减少了铁皮管装卸车时间。本装置可吊可铲，装车时，可利用叉车将本装置快速放置运输车辆上，到达抢险现场，利用现场机械就可整体吊置地面快速开展抢险工作（图 2-13）。

图 2-13　防汛铁皮管收集装置

（三）潜水电泵一体化装置

传统潜水电泵出机抢险，是将潜水电泵、安装轨道、输水管道、螺丝、垫片等分别装车运往抢险现场，到达抢险现场卸车后再进行设备组装，现场组装时间较长，严重影响抢险救灾效率。为了克服上述问题，江苏省骆运水利工程管理处研制了潜水电泵一体化装置。该装置是将潜水电泵、安装轨道、输水管道提前组装好，出机抢险时整体吊装至运输车辆上，到达抢险现场，逐台整体吊置于作业位，大大提高了出机抢险效率（图 2-14）。

图 2-14　潜水电泵一体化装置

第三章　防汛抗旱物资

第一节　防汛抗旱物资的分类

防汛抗旱物资是指用于遭受严重洪涝干旱灾害地区开展防汛抢险、抗旱减灾、救助受洪旱灾威胁群众应急需要的各类物资。根据物资使用类别，一般将防汛抗旱物资分为 22 类，具体见表 3-1。

表 3-1　防汛抗旱物资分类

分类	主要包括
防洪预警	山洪灾害预警、无线预警广播终端、雨量告警器、防汛预警机、水位报警器、雨量水位监测预警、洪水风险图、水库预警、闸门测控终端机、气象勘测仪
通讯指挥	对讲机、卫星电话、对讲机群通讯系统、防汛抗旱指挥系统、应急指挥车、微波通信、电台、卫星站
险情勘察	无人侦察机、测距机、测距望远镜、测沙仪、流量仪、水位监测仪、水准仪、流速仪、管涌探测仪、土壤测试仪器、堤坝隐患探测仪
救生救援	救生抛投器、救生衣、救生圈、水上安全带、救生绳、救生担架、救生浮标、橡皮船、冲锋舟、救生艇、溺水救生器材、救生气垫、救生梯、浮桥
发电照明	升降灯、工作灯、投光灯、探照灯、强光灯、防爆手电、搜索灯电源拖车、柴油发电机组、汽油发电机、电线、电缆、交流稳压电源、配电箱、移动电站、发电站
医疗救护	消毒液、急救包、急救箱、消毒器械、医疗救护设备
应急挡水	挡水门、挡水墙、防洪子堤、吸水膨胀袋
植桩设备	气压打桩机、多功能打桩机、气动打桩机、水压植桩机、液压打桩机、拔桩机
机械车辆	装载机、挖掘机、推土机、铲运机、压路机、自卸车、工程抢修车、防汛抢险车、通信车、水罐车、叉车、运输车、救护车、移动泵车、拖车
水质净化	浊水净化器、净化器、水质净化剂

分类	主要包括
防渗固堤	围井、土工滤垫、土工布、土工膜、无纺布、彩条布、土工复合材料、排体、止水膨胀袋、止水橡胶、土工隔栅、金属网、土工网、土工石笼、护坡砖
生命探测	生命探测仪、救援探测仪、微波雷达便携式探测系统、热红外生命探测仪
信息系统	防汛抢险指挥决策支持系统、水位（雨情）及流量监测系统、闸门测控终端机、堤坝隐情探测及监控系统、水利水文自动测报系统、水环境监测自动化系统、数字水文站、洪水公共信息平台建设应用、防汛抗旱物资管理系统、农村水利智能系统、水工结构及材料、无线移动信息采集解决方案、防汛抗旱指挥系统（远程实时视频、数据采集传输系统）、防汛抗旱决策支持系统
应急食品	压缩饼干、矿泉水、自热食品、饮料、方便面
动力设备	空气压缩机、液压设备、移动电站、发电站、热能动力、水利动力
潜水装具	潜水服、水下呼吸器、氧气瓶、潜水镜、脚蹼、潜水靴、潜水手套、呼吸管、调节器、压力表、潜水面罩（或头盔）、安全背带、配重
劳保用品	雨衣、雨鞋、雨伞、手套、口罩、安全带、防护服、安全帽、绝缘鞋、护目镜、防毒面具、防坠落护具
应急排水	自吸泵、离心泵、污水泵、潜水泵、泵站、移动泵车、应急排水发电一体车、清污机
五金机具	钳子、扳手、铁锹、多功能锹、铁镐、大锤、手夯锤、液压钳、液压剪、切割机、电焊机、摩托锯、电锯、手锯
警示器材	警示灯、铜锣、喊话器、报警器、闪光灯、锣鼓、交通安全标志、隔离墩
常规物资	帐篷、棉被、活动板房、充气垫、大衣、汽油、柴油、润滑油、草袋、麻袋、编织袋、棕麻绳、铁丝、木桩、竹排、钢管、扣件、砂石
其他产品	削桩机、浮箱水上平台、工程建设（以及其他新研发的产品归类）

第二节　防汛抗旱物资储备管理

防汛抗旱物资储备流程化管理，能进一步提升物资管理水平，增强抗洪抢险救灾保障能力。防汛抗旱物资储备管理流程如图 3-1 所示。

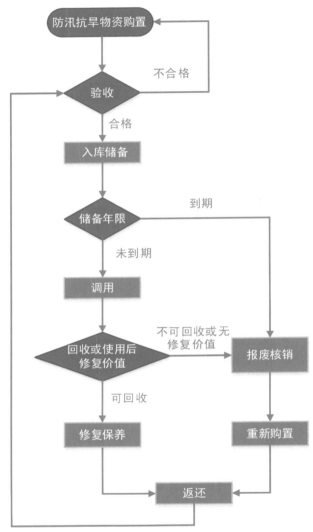

图 3-1　防汛抗旱物资储备管理流程

一、购置与验收

　　防汛抢险单位根据单位性质及所承担的职能,确定所需防汛抗旱物资的品种、规格、数量。新购置的防汛抗旱物资运达仓库后,物资仓库管理单位依据相关技术标准对物资进行验收。验收组在核对验收物资品种、规格、数量、包装以及生产日期等确认无误,完成物资外观验收后,必要时需进行理化性能检测,对符合要求的办理物资入库登记手续,不符合验收要求的物资不予验收入库。

二、储备与管理

物资仓库要建立健全岗位职责、值班巡查、验收发货、维护保养、消防安全、物资台账、财务管理等各项规章制度和物资应急调用预案。

防汛抗旱物资实行专库存储、专人管理，不得与其他物资混库存储（有恒温等特殊存储要求的物资除外）。仓库须配备专职管理人员，专职管理人数满足防汛抗旱物资储备管理实际需要。

仓库库房须满足对应级别的防汛抗旱物资储备管理需要。库房总面积要符合储备防汛抗旱物资的需求，具有良好的通风、防潮、避光、保温、防鼠、防虫和防污染等条件，配备视频监控、防雷、消防和装卸机械等设施设备，以及办公和管理用房等。对温度、湿度有特殊要求的物资须设有恒温库房。库房内须留有搬运通道，库内干净整洁，物资码放整齐，满足消防安全管理要求，标牌明显（标明物资名称、入库时间、生产日期、具体数量、储存年限和厂商等信息）。同类物资按照入库的时间顺序整齐码放，带有电瓶的设备要将电瓶卸下单独存放（电瓶定期充放电），油料驱动的设备要放空油料。物资严禁和危险品（如酸、碱、氧化剂、有机溶剂和易燃易爆物等）混放。

三、调用与返还

物资仓库实行 24 小时值班制度，汛期和紧急抗旱期间增加值班力量，值班办公室和值班人员保持通讯畅通，确保随时可取得联系，接到调运通知后半小时内必须到达现场。各仓库负责人要切实落实防汛抗旱物资调运预案，随时做好物资调运的各项准备。接到防汛抗旱物资调用指令后，物资仓库管理单位要在最短时间（一般不应超过 2 小时）内完成物资装运，并派专人随车押运。防汛抗旱物资调出后，物资仓库管理单位要及时将物资调运情况记录并上报上级主管部门和物资接收单位。防汛抗旱物资运达目的地后，押运人员与物资接收单位及时办理交接手续。

防汛抗旱抢险救灾工作结束后，无法回收的物资，按规定办理物资核销；调用后可回收的物资，由申请调用单位负责回收和维修保养，并出具合格证明，返还调出仓库；已消耗的或使用后无修复价值的，按调出物资的规格、数量重新购置。返还或新购置的物资到达物资仓库后，物资仓库按规定组织验收入库。

四、储备年限及报废核销

物资报废是指对达到防汛抗旱物资储备年限，或因非人为因素造成损坏，或属于国家统一公布的淘汰不可继续使用的物资进行报废。防汛抗旱物资储备年限依据国家有关规定和各类物资老化试验结果等因素确定，按出厂时间计算。报废核销程序按照有关规定执行。

五、防汛抗旱物资仓储、维护保养及存储年限

（一）物资仓储要求

1. 橡胶类物资、电缆在恒温库房存储，室内必须安装温湿控设备，温度保持在 0~25℃，相对湿度小于 75%。橡胶子堤、橡胶储水罐在入库前要重新涂撒滑石粉，橡皮舟舟体、橡胶子堤、橡胶船舷、橡胶储水罐必须单只（组）摆放，电缆在防潮垫层上（高度 0.3 m）整齐码放。

2. 存储编织袋、复膜编织布、长丝土工布、二布一膜土工布、防管涌土工滤垫、围井围板、快速膨胀堵漏材料、挡水子堤、橡胶子堤护坦布、救生衣、帐篷篷体、涂塑输水软管、钢丝橡胶管等聚酯合成材料的库房内要严格避光，并设有通风设施。上述物资在防潮垫层上（高度 0.3 m）整齐码放并用布质防尘罩罩盖。土工滤垫、围井围板的码高不得超过 10 层，避免重压变形。严禁拆开快速膨胀堵漏材料和吸水速凝挡水子堤的密封包装，防止其因破损而自行吸水膨胀。

3. 船外机专用机油要单独存放，严禁同其他物资混放，避免重压，防止机油挥发散漏。库房内要避光，设有通风设施并配备专用灭火器材。

4. 存储喷水组合式抢险舟、嵌入组合式抢险舟、复合型防汛抢险舟、玻璃钢冲锋舟舟体的库房要求避光，设有通风设施。舟体在入库前要清洗干净，金属件涂敷黄油，舟体叠放不得超过 5 层，防止下层舟体重压变形，叠放最下层舟体用 3 根垫木（截面：120 mm×120 mm）垫高，舟与舟之间的间隔用泡沫块支垫，叠放好的舟体要用布质防尘罩罩盖。

5. 存储查险灯、强光搜索灯、找水物探设备、管涌检测仪、救生绳索抛射器、专用空压机（泵）、照明投光灯等仪器设备的库房内要避光，设有通风设施，仪器设备分层码放在货架上。

6. 存储钢丝网兜、铅丝网片、帐篷支撑架、打井机支架、抢险钢管及扣件等金属材料的库房要求干燥、通风，底部要设防潮垫层（高度 0.3 m），要码放整齐，避免重压，防止物资变形、生锈。

7. 存储汽油船外机、汽（柴）油发电机（组）、净水设备、喷灌机（组）、便携式打桩机、液压抛石机、抢险照明车、水泵、洗井空压机组、打井机设备等

机械的库房内要避光，并设有通风设施。抢险照明车、拖车柴油发电机组、液压抛石机、绞盘式喷灌机车体前后要有支撑杆支撑。

（二）维护保养要求

1. 橡皮舟、抢险舟橡胶船舷要逐只做 8 小时气密性试验；橡胶子堤、橡胶储水罐要逐只（组）做接缝检查并重新涂撒滑石粉；橡套电缆做外护橡套质量检查，有老化现象及时更换。

2. 编织袋、复膜编织布、长丝土工布、二布一膜土工布、防管涌土工滤垫和围井围板、快速膨胀堵漏材料、吸水速凝挡水子堤、橡胶子堤护坦布、泡沫救生衣、帐篷篷体、涂塑输水软管、钢丝橡胶管等物资要进行外观检查，并进行防潮倒垛或翻晒，重新投放防虫、鼠药。

3. 钢丝网兜、铅丝网片、帐篷支撑架、打井机支架、抢险钢管及扣件等金属材料要进行外观检查，做防锈处理。

4. 汽油船外机、汽（柴）油发电机（组）、水泵、净水设备、洗井空压机组、喷灌机（组）、便携式打桩机、液压抛石机、照明投光灯、打井设备等机械要进行外观检查和防锈维护保养。

5. 喷水组合式抢险舟、嵌入组合式抢险舟、复合型防汛抢险舟、玻璃钢冲锋舟要进行舟体外观检查，对非不锈钢金属件做涂敷黄油养护。

6. 船外机专用机油要进行防止挥发渗漏的检查。

7. 便携式应急查险灯（铅酸电池）要逐只进行 24 小时充电，做照射亮度实验；便携式应急查险灯（锂电池）、强光搜索灯要逐只进行 10 小时充电，做照射亮度实验；找水物探设备、管涌检测仪每半年要充电 1 次，并开启仪器进行检测；救生绳索抛射器要进行绳索拉力试验，碳纤维充气气瓶每年汛前要充气到 20 MPa 储存、调运前要充气到 30 MPa；专用空压机（泵）要进行外观检查和防锈维护保养；抢险照明车要逐台做 1 小时启动运行，做照射亮度实验。

8. 使用后回收的物资，机械设备类的要按产品说明书维护保养要求，进行全面的性能维护保养及试机。

（三）物资储备年限规定

1. 冲锋舟、复合式防汛抢险舟、嵌入组合式抢险舟、喷水组合式抢险舟、玻璃钢舟体、汽油船外机、卧式船用发动机、空气压缩机（泵）、汽油发电机的储备年限为 15 年；

2. 编织袋、快速膨胀堵漏材料（编织袋包装）的储备年限为 6 年；

3. 钢丝网兜、铅丝网片、抢险钢管及扣件的储备年限为 16 年；

4. 船外机专用机油出现容器破损漏油时应立即更新；

5. 复膜编织布、吸水速凝挡水子堤、泡沫救生衣（圈）、涂塑输水软管、光学变焦强光搜索灯、便携式应急灯（锂电池）的储备年限为 8 年；

6. 快速膨胀堵漏材料（麻袋及土工袋包装）、土工无纺布、土工滤垫、装配式围井围板、橡胶子堤、橡皮舟、抢险舟橡胶船舷、堤坝渗漏管涌检测仪、找水物探设备、橡胶储水罐、钢丝橡胶管的储备年限为 10 年；

7. 绞盘式喷灌机、手推式喷灌机组的储备年限为 11 年；

8. 便携式应急灯（铅酸电池）的储备年限为 5 年；

9. 液压抛石机、抢险照明车、便携式打桩机、投光照明灯、救生绳索抛射器、橡套电缆、防水帆布帐篷、柴油发电机组、洗井空压机组、大功率水泵、深井潜水泵、泵用变频柜、柴动直联泵、打井机、净水设备的储备年限为 12 年（净水设备中反渗透膜耗材的储备年限为 3 年）。

到达储备期限的物资设备经测试或质量检验仍可使用的，可视情况延长。

第四章 组织管理

第一节 训练科目

防汛抢险演习和抢险技术培训是掌握抢险技术，提高抢险水平的最好方法。通过防汛抢险演习和抢险技术培训可以更好地锻炼抢险队伍，掌握抢险方法，提高抢险能力。现阶段针对常见的险情专项训练的科目有以下几种。

一、钢木土石组合坝封堵决口

钢木土石组合坝就是由钢管、木桩在激流中结合成整体框架，用土袋、石块等材料填塞形成能接受一定压力和冲击力的组合坝体。适用于水深 6 m 以内，决口处土质能够植入钢管、木桩的决口封堵抢险作业（图 4-1 为训练现场）。

图 4-1 钢木土石组合坝封堵决口

二、板坝式应急挡水子堤

板坝式应急挡水子堤既可在软土堤顶上使用，也可在混凝土、沥青混凝土堤顶上使用，根据不同的基础，板坝式应急挡水子堤有两种搭建方法：软基防水子堤和硬基防水子堤。既可用于城市防洪，也可用于重要堤坝的快速应急抢险及构筑临时输排水渠道，还可用于特殊工程施工中构筑挡水堤坝（图4-2为训练现场）。

图 4-2　板坝式应急挡水子堤塔建

三、装配式围井改挡水子堤

装配式围井改挡水子堤是抢护堤防漫溢、浪击险情的有效措施之一。这种围井改子堤主要用于抵御因堤防防洪标准低或遭受超标特大洪水，江河水位猛涨并超过坝顶高程而造成漫溢灾害；也可以防止在汛期高水位，由于遭受强风大浪，江河洪水翻越堤顶而造成局部堤段浪击险情（图4-3为训练现场）。

图 4-3　装配式围井改挡水子堤塔建

四、装配式围井及土工滤垫抢护管涌

装配式围井及土工滤垫抢护管涌主要用于抢护堤防和大坝的管涌破坏险情，既可以抢护单个管涌，也可以抢护管涌群。它的主要作用是提高堤防管涌孔口处的水位，减少江河水位（上游）与管涌孔口的水位差和水力坡降，抑制堤防管涌破坏的进一步发展（图4-4为训练现场）。

图4-4　装配式围井搭建

五、土工布反滤法排除渗漏

土工布反滤法主要用于排除渗漏对背水坡土体过于稀软，开反滤导渗沟困难或堤坝断面过于单薄、渗水严重，不宜开沟的情况；以及管涌流土范围大，涌水翻沙成片的险情，采用土工布形成反滤层使堤内水流出，且不带走土粒，从而起到降低浸润线、稳定堤身的作用（图4-5为训练现场）。

图4-5　土工布反滤法排除渗漏

六、土工滤垫导渗抢护渗漏

土工滤垫导渗抢护渗漏用于江河水位高，堤身泡水，水从堤内坡渗出，堤外坡出现"堤出汗"的渗漏险情，其作用是"滤土排水"，即防止土颗粒流失，又排除渗水，消减渗透压力，以保护堤身的土体结构不发生变化，达到稳定险情的目的（图4-6为训练现场）。

图4-6 土工滤垫导渗抢护渗漏

七、彩条布截渗

当持续高水位的情况下，堤坝前的水向堤坝内渗透，形成渗水险情。为减少

图4-7 彩条布截渗

渗水量、降低浸润线，达到控制渗水险情发展和稳定堤坝边坡的目的，潜水员在迎水坡进行截渗堵漏，在漏水处用彩条布或土工膜布铺盖，再压制土袋、砂石袋等（图4-7为训练现场）。

八、电源泵车应急排水

电源泵车应急排水适用于无固定泵站和无电源场合，主要用于解决城市积水排涝、厂矿排水排污、无电源场合用电等实际问题，特别适用于突击防洪排涝、抗旱抢险、临时调水、围堰抽水等。该装备移动灵活、展开和撤收速度快、投入作业人员少、适应性强、劳动强度低、应急反应速度快，大大提高了抢险救灾的速度（图4-8为训练现场）。

图4-8　电源泵车应急排水

九、抢险照明器材演示

常用的L6-MH型移动灯塔，持续工作时间长且节约能耗；满足了野外作业的需要，能较好地保障野外抢险及施工现场的夜间照明。全方位自动泛光灯整体采用优质金属材料制作，结构紧凑，性能稳定，抗风等级为8级，确保在各种恶劣环境和气候条件下正常工作（图4-9为演示现场）。

图 4-9　抢险照明器材演示

十、冲锋舟水上编队、搜救

冲锋舟主要用于在洪灾中抢救人民的生命和财产，也可用于水上侦查、巡逻等。日常训练中主要针对冲锋舟的纵向、横向以及 S 型编队驾驶的训练（图 4-10 为训练现场）。

图 4-10　冲锋舟水上编队、搜救

十一、便携式打桩机植桩作业

植桩机是专用于防汛抢险时封堵决口、加固堤防等植桩作业的新型专用器材，替代了传统的人力夯打的作业形式，实现了防汛抢险打桩机械化。具有很高的实用性、操作性、可靠性、稳定性和持续性（图4-11为训练现场）。

图4-11　便携式打桩机植桩作业

十二、防汛抢险作业车加工抢险构件

防汛抢险作业车主要用于在抢险现场实行伴随保障，进行锯、切、刨、剪、磨、焊、割、钻孔、攻丝等一条龙作业，现场加工各种类型的木桩、钢管及制作、切割抢险现场所需的钢结构等，提高抗洪抢险的作业效率（图4-12为训练现场）。

图4-12　防汛抢险作业车加工抢险构件

第二节　组织管理

一、抢险预案的制定

制定抢险预案应结合不同的险情，遵循以防为主、防救结合、以人为本、避免伤亡的原则，做到责任明确、程序简单、分工合理。较常见的抢险预案如：防汛抢险预案、防汛物资调运预案、抗排出机预案、防汛后勤保障预案等。防汛抢险单位要加强对各类抢险预案的演练、修订、总结和完善。

二、组织实施

防汛抢险应加强抢险的流程化管理（江苏省防汛机动抢险队抢险流程如图4–13所示），以确保防汛抢险的有序高效开展。

（一）信息接收，启动预案

当抢险单位接到指令后，应做到迅速准确地获取灾害的具体信息，包括汛情发生的时间地点、汛情的范围和严重程度、受灾地的联系人员及通信方式。随即针对不同的险情启动与之对应的抢险预案。启动应急预案后，抢险单位要在最短时间内分析灾情，制定符合灾区的抢险方案并及时与灾区联系，根据最新灾情落实抢险人员，防汛物资、抢险设备的装车、押运和交接工作，并将实际情况向上级主管部门反馈。

（二）抢险工作实施

抢险单位在到达灾区后，要立即成立现场指挥小组，在短时间内与地方政府、防办和相关专家结合现场险情的类别与特征、水文气象、地质地形等具体情况，完善拟定的初步方案，使其具有针对性、合理性、可行性，并立即展开抢险工作。

在抢险过程中，要时刻关注灾情发展情况，及时对现场抢险方案进行动态调整，并将抢险情况及时向上级、地方汇报。

抢险工作完成后，抢险单位应做好抢险物资的清点工作。

（三）后勤保障

抢险救灾的后勤保障是抢险工作的重要组成部分，对于抢险队伍战斗力的提高具有重要意义。做好后勤保障工作可以为抢险工作提供物质保障、稳定抢险工作和生活秩序，提高抢险工作中人、财、物的利用率，促进抢险工作效率的提高。

后勤保障应分工明确、专业齐全，按照抢险需求科学调配，保证各种措施落

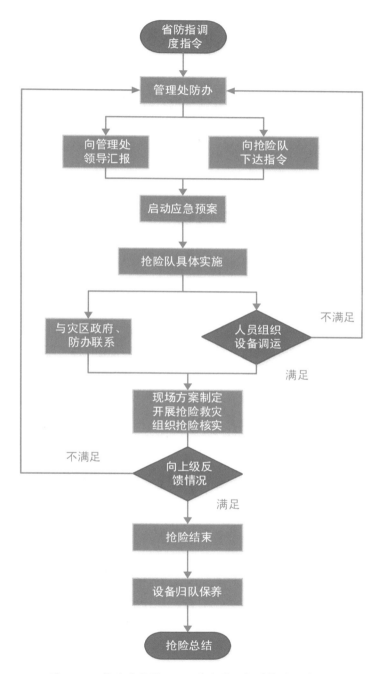

图 4-13　抢险流程图（以江苏省防汛机动抢险队为例）

实到位。后勤保障应实现自我保障与社会保障的最佳结合，在救灾现场应设立专门的后勤保障机构，解决装备物资、技术装备维护与抢修、生活设施、医疗救护、宣传报道等方面的需求。

（四）反馈总结

反馈总结主要分为抢险中情况反馈和抢险结束后的总结。在抢险过程中，抢险救灾单位应及时向上级或有关部门反馈抢险情况，详细描述实时救灾情况。抢险救灾过程中应依据抢险救灾指令，结合现场情况，商讨救灾后续方案，提高防汛抢险效果。

在抢险结束后，抢险单位应向上级主管部门汇报抢险情况，总结抢险工作，对本次抢险进行自我评价。从各个方面征求意见和建议，认真疏理防汛抢险中好的经验，深入查找暴露出的问题，提出改进建议，完成此次防汛抢险的总结以期进一步做好防汛工作，不断提高防汛抢险水平。

三、安全管理

防汛抢险中不安全因素主要包括：人的不安全行为、物的不安全状态、环境的不安全因素。防汛抢险工作要把安全放在首位，要采取各种综合措施，预防和消除不安全因素。

加强安全教育。结合抗洪抢险的实际，加强抢险人员安全知识培训，明确安全事项，强化安全意识，提高自身安全防护能力；要求参与抢险人员在使用设备时，严格按照操作规程进行作业；正确使用劳动保护用品，严格遵守防汛抢险各项规章制度。

加强设备保养。在平时的工作中，抢险人员要按照设备保养制度的规定对抢险设备、器具进行检查和维护，确保设备完好。

加强劳动防护。在抢险中，为抢险人员配备合格的劳动防护用品，禁止使用不合格的劳动防护用品。

加强现场检查。根据抢险的时间、地点、任务，按要求做好现场检查和防护，如照明、通风、道路、机械噪声等，对抢险现场的安全隐患及时整改，落实防范措施。